总主编 伍江 副总主编 雷星晖

张 舒 徐 鉴 著

因特网拥塞控制中时滞诱发的
振荡及其抑制

Delay-induced Oscillation and Its
Suppression in Internet Congestion Control

同济大学出版社
TONGJI UNIVERSITY PRESS

内 容 提 要

本书主要是研究因特网拥塞控制模型中时滞所诱发的振荡及其抑制。讨论了不同类型的时滞对系统稳定性的影响，对高维系统和具有非简单拓扑结构的网络业也了初步研究。本书研究对提高网络的稳定性，并为网络系统设计时参数的选择提供了一定的借鉴。

本书可供计算机专业的高校师生和网络系统设计专业人员参考。

图书在版编目(CIP)数据

因特网拥塞控制中时滞诱发的振荡及其抑制/张舒，徐鉴著. —上海：同济大学出版社，2017.8
（同济博士论丛/伍江总主编）
ISBN 978 - 7 - 5608 - 6973 - 5

Ⅰ.①因… Ⅱ.①张…②徐… Ⅲ.①互联网络–阻塞控制–时滞系统–振荡–研究②互联网络–阻塞控制–时滞系统–控制–研究 Ⅳ.①TP393

中国版本图书馆 CIP 数据核字(2017)第 093528 号

因特网拥塞控制中时滞诱发的振荡及其抑制

张 舒 徐 鉴 著

出 品 人 华春荣　　责任编辑 冯寄湘　熊磊丽
责任校对 徐春莲　　封面设计 陈益平

出版发行 同济大学出版社　　www.tongjipress.com.cn
　　　　 （地址：上海市四平路 1239 号　邮编：200092　电话：021 - 65985622）
经　　销 全国各地新华书店
排版制作 南京展望文化发展有限公司
印　　刷 浙江广育爱多印务有限公司
开　　本 787 mm×1092 mm　　1/16
印　　张 11
字　　数 220 000
版　　次 2017 年 8 月第 1 版　　2017 年 8 月第 1 次印刷
书　　号 ISBN 978 - 7 - 5608 - 6973 - 5

定　　价 74.00 元

"同济博士论丛"编写领导小组

"同济博士论丛"编辑委员会

袁万城　莫天伟　夏四清　顾　明　顾祥林　钱梦騄
徐　政　徐　鉴　徐立鸿　徐亚伟　凌建明　高乃云
郭忠印　唐子来　阖耀保　黄一如　黄宏伟　黄茂松
戚正武　彭正龙　葛耀君　董德存　蒋昌俊　韩传峰
童小华　曾国荪　楼梦麟　路秉杰　蔡永洁　蔡克峰
薛　雷　霍佳震

秘书组成员： 谢永生　赵泽毓　熊磊丽　胡晗欣　卢元姗　蒋卓文

总　序

在同济大学110周年华诞之际，喜闻"同济博士论丛"将正式出版发行，倍感欣慰。记得在100周年校庆时，我曾以《百年同济，大学对社会的承诺》为题作了演讲，如今看到付梓的"同济博士论丛"，我想这就是大学对社会承诺的一种体现。这110部学术著作不仅包含了同济大学近10年100多位优秀博士研究生的学术科研成果，也展现了同济大学围绕国家战略开展学科建设、发展自我特色，向建设世界一流大学的目标迈出的坚实步伐。

坐落于东海之滨的同济大学，历经110年历史风云，承古续今、汇聚东西，秉持"与祖国同行、以科教济世"的理念，发扬自强不息、追求卓越的精神，在复兴中华的征程中同舟共济、砥砺前行，谱写了一幅幅辉煌壮美的篇章。创校至今，同济大学培养了数十万工作在祖国各条战线上的人才，包括人们常提到的贝时璋、李国豪、裘法祖、吴孟超等一批著名教授。正是这些专家学者培养了一代又一代的博士研究生，薪火相传，将同济大学的科学研究和学科建设一步步推向高峰。

大学有其社会责任，她的社会责任就是融入国家的创新体系之中，成为国家创新战略的实践者。党的十八大以来，以习近平同志为核心的党中央高度重视科技创新，对实施创新驱动发展战略作出一系列重大决策部署。党的十八届五中全会把创新发展作为五大发展理念之首，强调创新是引领发展的第一动力，要求充分发挥科技创新在全面创新中的引领作用。要把创新驱动发展作为国家的优先战略，以科技创新为核心带动全面创新，以体制机制改革激发创新活力，以高效率的创新体系支撑高水平的创新型国家建设。作为人才培养和科技创新的重要平台，大学是国家创新体系的重要组成部分。同济大学理当围绕国家战略目标的实现，作出更大的贡献。

大学的根本任务是培养人才，同济大学走出了一条特色鲜明的道路。无论是本科教育、研究生教育，还是这些年摸索总结出的导师制、人才培养特区，"卓越人才培养"的做法取得了很好的成绩。聚焦创新驱动转型发展战略，同济大学推进科研管理体系改革和重大科研基地平台建设。以贯穿人才培养全过程的一流创新创业教育助力创新驱动发展战略，实现创新创业教育的全覆盖，培养具有一流创新力、组织力和行动力的卓越人才。"同济博士论丛"的出版不仅是对同济大学人才培养成果的集中展示，更将进一步推动同济大学围绕国家战略开展学科建设、发展自我特色、明确大学定位、培养创新人才。

面对新形势、新任务、新挑战，我们必须增强忧患意识，扎根中国大地，朝着建设世界一流大学的目标，深化改革，勠力前行！

万　钢

2017 年 5 月

论丛前言

　　承古续今，汇聚东西，百年同济秉持"与祖国同行、以科教济世"的理念，注重人才培养、科学研究、社会服务、文化传承创新和国际合作交流，自强不息，追求卓越。特别是近 20 年来，同济大学坚持把论文写在祖国的大地上，各学科都培养了一大批博士优秀人才，发表了数以千计的学术研究论文。这些论文不但反映了同济大学培养人才能力和学术研究的水平，而且也促进了学科的发展和国家的建设。多年来，我一直希望能有机会将我们同济大学的优秀博士论文集中整理，分类出版，让更多的读者获得分享。值此同济大学110 周年校庆之际，在学校的支持下，"同济博士论丛"得以顺利出版。

　　"同济博士论丛"的出版组织工作启动于 2016 年 9 月，计划在同济大学110 周年校庆之际出版 110 部同济大学的优秀博士论文。我们在数千篇博士论文中，聚焦于 2005—2016 年十多年间的优秀博士学位论文 430 余篇，经各院系征询，导师和博士积极响应并同意，遴选出近 170 篇，涵盖了同济的大部分学科：土木工程、城乡规划学（含建筑、风景园林）、海洋科学、交通运输工程、车辆工程、环境科学与工程、数学、材料工程、测绘科学与工程、机械工程、计算机科学与技术、医学、工程管理、哲学等。作为"同济博士论丛"出版工程的开端，在校庆之际首批集中出版 110 余部，其余也将陆续出版。

　　博士学位论文是反映博士研究生培养质量的重要方面。同济大学一直将立德树人作为根本任务，把培养高素质人才摆在首位，认真探索全面提高博士研究生质量的有效途径和机制。因此，"同济博士论丛"的出版集中展示同济大学博士研究生培养与科研成果,体现对同济大学学术文化的传承。

"同济博士论丛"作为重要的科研文献资源,系统、全面、具体地反映了同济大学各学科专业前沿领域的科研成果和发展状况。它的出版是扩大传播同济科研成果和学术影响力的重要途径。博士论文的研究对象中不少是"国家自然科学基金"等科研基金资助的项目,具有明确的创新性和学术性,具有极高的学术价值,对我国的经济、文化、社会发展具有一定的理论和实践指导意义。

"同济博士论丛"的出版,将会调动同济广大科研人员的积极性,促进多学科学术交流、加速人才的发掘和人才的成长,有助于提高同济在国内外的竞争力,为实现同济大学扎根中国大地,建设世界一流大学的目标愿景做好基础性工作。

虽然同济已经发展成为一所特色鲜明、具有国际影响力的综合性、研究型大学,但与世界一流大学之间仍然存在着一定差距。"同济博士论丛"所反映的学术水平需要不断提高,同时在很短的时间内编辑出版110余部著作,必然存在一些不足之处,恳请广大学者,特别是有关专家提出批评,为提高同济人才培养质量和同济的学科建设提供宝贵意见。

最后感谢研究生院、出版社以及各院系的协作与支持。希望"同济博士论丛"能持续出版,并借助新媒体以电子书、知识库等多种方式呈现,以期成为展现同济学术成果、服务社会的一个可持续的出版品牌。为继续扎根中国大地,培育卓越英才,建设世界一流大学服务。

伍 江

2017 年 5 月

前　言

　　最近二十年来,对因特网拥塞控制的数学模型的研究已经成为网络科学研究的一个重要分支。为了能够定性和定量地研究网络拥塞控制系统的动态行为,学者们以微分方程或映射的形式提出了一些数学模型。基于这些模型,研究人员对拥塞控制算法的稳定性问题作了大量的研究,并得到了一些使得网络系统平稳发包状态为全局渐近稳定的参数需要满足的(充分)条件。然而,对真实的网络系统而言,这些条件往往太强而难以满足。因此,研究当网络的平稳发包状态变得不稳定时,系统呈现怎样的动力学行为以及如何控制它们,是十分重要的。

　　回环时间或时滞,是网络拥塞控制中一个十分重要的因素。有研究表明,时滞可以诱发系统的振荡。振荡可能会引起拥塞,因为当发包速率振荡到峰值时网络有可能会过载。我们提出了这样的问题:① 如果在低维的且拓扑结构简单的网络系统中,时滞可以诱发振荡,那么是否可以利用时滞来对振荡进行抑制;② 对于高维的具有简单拓扑的网络,又可以得到什么样的结论;③ 如果网络系统中不同用户的时滞不同,则系统会呈现怎样的动力学行为;④ 当除时滞以外的其他参数变化的时候,这些动力学是否会保持;⑤ 时滞对于具有非简单拓扑结构的网络系统的稳定性有怎样的影响。这些问题构成了本书各章研究的动机。

　　首先,我们考虑一个含时滞的比例公平的拥塞控制器来研究时滞诱发的振荡。我们采用多尺度方法来求解拥塞控制模型通过 Hopf 分岔而产生的周期解。为了抑制振荡,我们提出了一种基于对时滞施加周期摄动的控制方法。这意味着可以利用周期时滞来降低网络系统因振荡而引起拥塞的可能。

　　为了回答第二个问题,我们考虑一个 n 维的拥塞控制模型来研究时滞诱发的振荡及其抑制。通过线性分析,我们得到了当 Hopf 分岔发生时时滞的临界值。为了降低系统因振荡而产生拥塞的风险,我们采用上一部分提出的利用周期时滞进行振荡抑制的方法。特别是,可以只对 n 个时滞中的一个进行周期摄动而实现振荡抑制的目的。利用多尺度方法,我们给出了使得振荡衰减的时滞摄动幅度的估计方法并给出一个算例。理论结果和数值结果吻合得较好。

　　接下来,我们考虑一个具有简单拓扑结构的拥塞控制模型来研究多时滞所诱发的概周期运动。平衡点的稳定性分析表明不同频率的 Hopf 分岔曲线将可能会相交于一个非共振双 Hopf 分岔点。将时滞选为分岔参数并采用多尺度方法,我们得到了振幅-频率方程并在时滞平面上对分岔点附近的区域按动力学行为进行分类。特别是,可以求得在时滞平面上概周期运动存在的区域。由于在实际问题中,概周期现象是应该避免的,因此,该结果为设计和优化网络系统提供了参考。

　　之后,我们对上述模型作了进一步地考察以研究对不同的物理参数,双 Hopf 分岔是否是普遍存在的。通过研究时滞平面上稳定性切换边界的几何性质,我们得到了不同类型的边界曲线出现的条件。这些曲线可能会与自身相交或互交,这其中的某些交点被归结为两类余维三的 tangent 双 Hopf 分岔点。最终,我们发现,无论其他物理参数如何取值,在两时滞平面上双 Hopf 分岔点总是存在的。

最后,我们考虑一个具有环形拓扑的 n 维拥塞控制模型来研究时滞通过 Hopf 分岔所引起的振荡。通过线性分析并辅以数值方法的验证,我们得到了临界时滞的表达式。进一步的分析表明,过多的数据中转次数(可以看作表征环网拓扑特性的参数)将引起网络的振荡,而适当的增加链路容量则可以有效地抑制振荡。

本书的创新点如下:

一、针对因特网拥塞控制计算模型中时滞也会导致网络出现振荡的现象,提出对时滞施加周期摄动来消除振荡的方法,给出了使振荡衰减的摄动参数需要满足的条件;

二、改进并推广在两时滞平面上对稳定性边界进行分类的方法;发现两时滞拥塞控制模型必然存在双 Hopf 分岔奇异性,从而揭示了网络中概周期振荡性拥塞的机制;

三、提出环形网络的拓扑结构单参数的表征方法,建立了跳数、时滞与环形网络的振荡之间的关系,从而解释了环形网络中较大的跳数使得发包速率出现振荡的机制。

目 录

总序

论丛前言

前言

第1章　绪论 ……………………………………………… 1

　1.1　研究现状 ……………………………………………… 3

　　1.1.1　相关文献 …………………………………………… 3

　　1.1.2　研究内容 …………………………………………… 7

　　1.1.3　研究方法 …………………………………………… 9

　　1.1.4　存在的问题 ………………………………………… 10

　1.2　因特网拥塞控制研究的趋势 ………………………… 11

　1.3　主要工作和研究意义 ………………………………… 12

　1.4　主要创新点 …………………………………………… 15

第2章　一类因特网拥塞控制问题的变时滞振荡抑制 ……… 17

　2.1　引言 …………………………………………………… 17

　2.2　平衡点及其稳定性 …………………………………… 19

2.3 时滞微分方程的多尺度方法 ⋯⋯⋯⋯⋯⋯⋯⋯⋯ 22

2.4 方程(2-1)的 Hopf 分岔与周期振荡 ⋯⋯⋯⋯ 25

2.5 利用周期摄动时滞进行振荡抑制 ⋯⋯⋯⋯⋯⋯ 27

    2.5.1 方程(2-25)的近似解 ⋯⋯⋯⋯⋯⋯⋯⋯⋯ 29

    2.5.2 对于方程(2-24)的振荡抑制的研究 ⋯⋯⋯ 32

    2.5.3 时滞摄动参数对振荡衰减速率的影响 ⋯⋯ 34

2.6 结论 ⋯⋯⋯⋯⋯⋯⋯⋯⋯⋯⋯⋯⋯⋯⋯⋯⋯⋯⋯ 38

第3章 基于变时滞的 n 维拥塞控制模型的振荡抑制 ⋯⋯⋯⋯⋯ 40

3.1 引言 ⋯⋯⋯⋯⋯⋯⋯⋯⋯⋯⋯⋯⋯⋯⋯⋯⋯⋯⋯ 40

3.2 平衡点及其稳定性 ⋯⋯⋯⋯⋯⋯⋯⋯⋯⋯⋯⋯⋯ 42

3.3 高维时滞微分系统的多尺度方法 ⋯⋯⋯⋯⋯⋯⋯ 46

3.4 通过周期摄动时滞进行振荡抑制 ⋯⋯⋯⋯⋯⋯⋯ 51

    3.4.1 基于方程(3-27)的振荡抑制分析 ⋯⋯⋯⋯ 52

    3.4.2 基于快慢变系统理论的振荡抑制分析 ⋯⋯ 53

3.5 算例 ⋯⋯⋯⋯⋯⋯⋯⋯⋯⋯⋯⋯⋯⋯⋯⋯⋯⋯⋯ 54

    3.5.1 利用多尺度方法求周期解 ⋯⋯⋯⋯⋯⋯⋯ 54

    3.5.2 利用周期时滞抑制振荡 ⋯⋯⋯⋯⋯⋯⋯⋯ 56

3.6 结论 ⋯⋯⋯⋯⋯⋯⋯⋯⋯⋯⋯⋯⋯⋯⋯⋯⋯⋯⋯ 60

附录3.1 方程(3-1)中 $p(x)$ 的表达式 ⋯⋯⋯⋯⋯⋯ 60

附录3.2 方程(3-25)中的系数 ⋯⋯⋯⋯⋯⋯⋯⋯⋯ 61

第4章 拥塞控制中两时滞引起的概周期运动 ⋯⋯⋯⋯⋯⋯⋯ 65

4.1 引言 ⋯⋯⋯⋯⋯⋯⋯⋯⋯⋯⋯⋯⋯⋯⋯⋯⋯⋯⋯ 65

4.2 模型 ⋯⋯⋯⋯⋯⋯⋯⋯⋯⋯⋯⋯⋯⋯⋯⋯⋯⋯⋯ 66

4.3 平衡点附近的线性系统 ⋯⋯⋯⋯⋯⋯⋯⋯⋯⋯⋯ 69

4.4　利用多尺度方法研究双 Hopf 分岔 ················· 71

　　4.4.1　方法介绍 ······················ 71

　　4.4.2　算例 ························· 76

4.5　讨论：如何避免概周期运动的出现 ············· 79

4.6　结论 ····························· 81

第5章　含两时滞的一类因特网拥塞控制模型稳定性边界的全局和

局部性质 ··························· 83

5.1　引言 ····························· 83

5.2　模型、平衡点及特征方程 ················· 84

5.3　全局性质：方程(5-2)的解 ················· 86

　　5.3.1　第一种情况：$a_1 < a_2$ ················ 89

　　5.3.2　第二种情况：$a_1 > a_2$ ················ 92

　　5.3.3　第三种情况：$a_1 = a_2$ ················ 95

5.4　全局性质：穿越方向 ···················· 100

　　5.4.1　第一种情况：$a_1 \neq a_2$ ··············· 100

　　5.4.2　第二种情况：$a_1 = a_2$ ··············· 102

5.5　局部性质：方程(5-2)解曲线的互相交与自相交 ······ 108

　　5.5.1　当 a_1 接近 a_2 时的局部性质 ··········· 108

　　5.5.2　第一类 tangent 双 Hopf 分岔 ·········· 109

　　5.5.3　第二类 tangent 双 Hopf 分岔 ·········· 111

5.6　结论 ····························· 118

第6章　环形网络的拥塞控制中时滞所诱发的振荡 ········ 120

6.1　引言 ····························· 120

6.2　环形网络的拥塞控制模型 ················· 121

6.3 平衡点稳定性分析 ·· 123

6.4 利用多尺度方法研究时滞诱发的周期运动 ·············· 128

6.5 讨论：m 和 c 的影响 ··· 133

    6.5.1 m 的影响：较长的传输距离将引起振荡 ············· 133

    6.5.2 c 的影响：较大的链路容量可以抑制振荡 ·········· 134

6.6 结论 ·· 136

第 7 章 结论与展望 ·· 137

7.1 结论 ·· 137

7.2 进一步工作的方向 ·· 138

参考文献 ·· 140

后记 ·· 154

第 1 章
绪　论

　　当因特网中存在过多的数据包时,网络的性能就会下降,这种现象称为拥塞。拥塞导致的直接后果是分组丢失率增加,端到端延迟加大,甚至有可能使整个系统发生崩溃。1986 年 10 月,由于拥塞的发生,美国 LBL 到 UCBerkeley 的数据吞吐量从 32 Kbps 跌落到 40 bps。当网络处于拥塞崩溃状态时,微小的负载增加都会使网络的有效吞吐量急速下降。虽然网络技术在日新月异地发展着,但是由于资源总是稀缺的,因而比起对网络传输速度和链路容量的要求来说,其技术上的发展总是滞后的。因此,研究网络拥塞现象及其控制的方法便显得尤为重要。

　　用数学方法对网络拥塞问题进行研究始于 20 世纪 80 年代。当时的研究主要集中于设计稳定的拥塞控制算法,即首先利用非线性规划的理论证明关于拥塞控制问题的全局最优解的存在性,随后通过构造 Lyapunov 函数来设计可以收敛到该最优解的拥塞控制算法,其间分别提出了原算法、对偶算法、原-对偶算法,并先后给出了其在单比特反馈、多播路径、时滞网络及随机网络等各种条件下的具体实现形式。但是应该注意到的是这种拥塞控制算法的实现是在非常理想的情况下,实际问题中,控制算法不一定能够使系统状态量收敛于理论上预言的最优解,因此,单纯地研究控制算法的运动稳定性问题是比较片面的,而必须同时研究参数变化时在平衡点附近的动态特性,即研究结构稳定性和结构失稳后的分岔和非线性动力学等问题。特别是,近年来,越来越多的学者经过研究发现在基于 TCP (Transmission Control Protocol)协议的通讯网络中普遍存在着概周期、倍周期、混沌等复杂的运动形式,研究这些非线性动力学行为产生的机制、为网络设计和优化提供依据是十分必要的。

时滞或传输延迟是网络中普遍存在的现象,这是由于数据是以有限速度在链路中传送的,而数据包在到达路由器的时候还存在着"排队"的问题。时滞的存在往往会破坏网络系统的稳定性,而有研究表明,时滞可能会引起网络拥塞的产生或使其加剧,但是也有学者考虑了时滞对网络的镇定和协同作用。本书研究的目的就在于:① 在网络拥塞控制模型中,通过对在平衡点附近由于参数的变化而导致的非线性动力学行为,特别是由于时滞的变化而引起的对 Hopf 分岔、双 Hopf 分岔等结构失稳现象的研究,考察从平衡点分岔出的周期解与时滞和其他物理参数的关系;② 对已经出现的各种复杂的非线性动力学现象如何通过参数选择或设计控制器来进行控制。通过以上两方面的研究,从理论上完善已有的拥塞控制算法,使其能够接受运动稳定性与结构稳定性两方面的检验,并为相关的网络拥塞控制算法的选择和设计提供相应的理论依据,特别是在参数的选择方面。相信本研究可以对如何选择参数才能够避开可能引起复杂的动力学现象的区域而起到一些有益的作用,这也是本研究在实际应用中的价值之所在。

总之,我们希望通过对含有时滞的网络拥塞控制模型的研究,考察时滞对网络拥塞模型稳定性的影响,并通过理论上的分析为拥塞控制算法特别是其参数的选择提供依据。

1.1 研究现状

1.1.1 相关文献

根据文献[1],对拥塞控制模型的研究的第一步是通过 Lyapunov 直接法寻找能够收敛的以微分方程或方程组形式表达的拥塞控制算法。但是必须强调的是,基于微分方程的控制模型不过是对真实的拥塞控制(离散)算法的一种近似。在这方面,Jacoboson[2] 的文章是拥塞控制领域的开创性工作,首先提出了以数据包的丢失作为监测网络中出现拥塞的依据,并提出当网络中出现数据包丢失时立即降低相应计算机节点的数据发送量,否则使其缓慢增加,也是在他这篇文章中拥塞控制算法被分成了慢启动和拥塞控制两个阶段,后来以微分方程形式表达的各种控制算法都是基于这些思想。可以说,正是这种思想导致了 TCP 拥塞控制协议在因特网中获得了巨大的成功。Chiu 和 Jain[3] 在同一时期提出了一种简化的拥塞背景下的网络模型,后来一些学者[4] 用微分方程对该模型进行了描述,这是以数学方法研究拥塞问题的早期开创性工作。他们考虑了两个用户和一个链路的情形,在微分方程中用一个指示器函数来实现拥塞控制,并且提出了资源分配公平性的问题。以上两篇先驱性的文献有一个共同的想法就是:当拥塞没有发生时允许节点的数据发送速率线性增长,而当拥塞发生时使其数据发送速率迅速降低。

在早期的研究中一般可以把拥塞控制算法分为两类[1]:针对源端进行控制的原算法(Primal algorithm)和针对链路进行控制的对偶算法(Dual algorithm)。由于这两种算法含有可以耦合的参数和状态变量,故随后又出现了原-对偶算法。Kelly[4] 提出了一种对偶算法,他证明了该模型的平衡点是全局渐近稳定的,并通过引进一种代价函数(price function)使其可以稳定在比例公平(proportional fairness)的状态。Wen 和 Arcak[6]引入了精确罚函数(exact penalty function)的概念,改进了原算法的精度,并提出了同时对节点和链路进行控制的原-对偶算法且严格证明了其平衡点的全局渐近稳定性。Athuraliya,Li,Low 和 Yin[7]提出了链路代价的一种概率解释,并以此为基础给出了一种全新的更符合网络实际情况的单比特标记方案(one-bit marking scheme),从而改进了原算法。

随着研究的深入,学者们开始在具体的 TCP-IP 协议上研究这些算法的实现形式。基于 TCP 协议的拥塞控制研究渐渐成为研究的主流,这是因为 TCP 协议可以较好地实现公平性并可以通过具体的协议来保证网络的服务质量。TCP 协议可以通过嵌入不同的拥塞控制算法而形成不同的版本,如 TCP-Reno,TCP-RED,TCP-REM(详见第 3 章)等,而且这一阶段的研究已经普遍开始考虑时滞的影响。对于这方面的研究也分为两部分:运动稳定性的研究和结构稳定性的研究。应该说,拥塞控制本质上属于控制理论范畴,首先关注的是如何保证平衡点稳定性的问题,因此运动稳定性的研究在以往很长一段时间内都是拥塞控制研究的焦点所在[1-19]。在这方面,Johari 和 Tan[8]研究了在考虑传输时滞的情况下原算法的局部渐近稳定性。Massoulie[9]将这些局部稳定性的结果推广到了具有一般拓扑结构的网络中并考虑了多时滞的情况。Deb 和 Srikant[10]研究了考虑多时滞及一般网络拓扑结构下拥塞控制算法的全局渐近稳定性。Sichitiu 和 Bauer[11]考虑了当有多个源端时算法的全局渐近稳定性。Ranjan,La 和 Abed[12]在 Kelly 所给出的传输速率分配问题的最优化理论框架的基础上,给出了当传输时滞为任意常量时系统平衡点稳定的条件。Wang 和 Eun[13]研究了在 TCP-newReno 和 TCP/RED 两种 TCP 拥塞控制协议下的局部和全局渐近稳定性问题。特别要指出的是,Kelly[14]提出了一类简化的以微分方程表达的拥塞控制模型,因其形式简洁、内涵清晰而被广泛研究,Kelly 的模型也正是本书主要的研究模型。那么,对于工作在实际工况下的网络系统,当由于各种原因系统参数发生变化时,平衡点的稳定性是否还会保持呢? 近些年来,越来越多的学者开始关注网络拥塞控制模型中的结构稳定性问题[20-36, 140]。例如,Veres 和 Boda[20]首先研究了当结构失稳后 TCP 拥塞控制算法表现出来的混沌特性。Ranjan,La 和 Abed[21]研究了 RED 算法分别与 TCP 和 UDP(User Datagram Protocol)两种协议相互作用时出现的倍周期分岔现象。Liu,Zhang 和 Trajkovic[22]研究了一些离散时间模型当参数发生改变时出现的混沌动力学特性。Li,Chen,Liao 和 Yu[23]研究了单节点、单链接及无反馈控制的拥塞控制模型的某些非线性动力学行为,证明了即使是非常简单的系统也会因增益系数的变化而发生 Hopf 分岔,并利用中心流形定理(center manifold theory)和规范型理论(normal form theory)研究了 Hopf 分岔的方向和分岔解的稳定性。Yang 和 Tian[24]研究了在 REM 算法中当以时滞作为分岔参数时模型的 Hopf 分岔问题,并利用中心流形定理和规范型理论研究了由 Hopf 分岔产生的周期解的稳定性和方向。Wang 和 Chu[25]研究了在 Kelly 的简化的网络拥塞控制模型下由时滞而引发的 Hopf 分岔问题,与其他工作不同的是,他们采用了摄动法给出 Hopf 分岔出的周期解的稳定性和分岔的方向。Yang 和 Zhang[26]利用中心流形定理和规范型理论研究了原算法中时滞诱发的 Hopf 分岔问题。Guo,Liao 和 Li[27, 28]研究了在另外一种带有时滞的网络拥塞控制算法——指数型 RED 中的 Hopf 分岔问题,给出了 Hopf 分岔发生的条件。Raina[29]研究了在三种不同的 TCP 拥塞控制算法中由一个引进的参数所诱发的 Hopf 分岔问题,并给出了在参数满足什么条件下 Hopf 分岔出的周期解才是一个稳定的极限环,也就是实际应用中一旦结构失稳后人们希望看到的情况。

近些年来,在国际上一些较高水平的研究刊物上,发表了不少关于因特网特性研究的论文[40-65]。因特网是复杂度极高的巨系统,其性质与动力学行为绝不会仅仅是模型中的方程所描述的那样简单。因此,从目前的研究现状来看,在考虑网络拓扑结构、网络拓扑演化、网络传播动力学等网络的具体细节时所遇到的问题将是研究拥塞控制问题的一个发展方向。另一方面,人们也逐渐意识到,拥塞现象是很多网络,如通讯网络、交通网络等所共有的普遍现象,因此可以利用复杂网络的相关理论对其整体进行研究,通过对某些统计指标的计算和研究来探求当拥塞出现时网络的典型特征以及如何对拥塞现象进行控制[66-80]。

在网络的实际问题当中,复杂的动力学现象往往意味着系统从一个稳定的状态转向不稳定的状态,为了避免或延缓这种情况的出现,学者们纷纷采用嵌入控制器的办法来提高网络系统的稳定性。Chen,Wang 和 Han[38]在 TCP - RED 拥塞控制模型下(离散时间形式)提出了时滞反馈控制器(Time - Delayed Feedback Controller, TDFC)的概念来控制倍周期分岔的产生,极大地提高了网络系统的稳定性。Liu 和 Tian[81]在原算法中利用时滞反馈控制器来消除网络中的震荡现象以提高网络的稳定性。Chen 和 Yu[82]基于一个单节点、单链路的网络拥塞控制模型提出了一种以多项式形式表示的时滞反馈控制器以抑制 Hopf 分岔的产生。Xiao 和 Cao[83]提出了一种更具有普适性的控制器,他们证明了在不施加反馈控制的情况下随着增益系数的变化 Hopf 分岔出现的必然性,而在施加了反馈控制手段之后,Hopf 分岔的出现将被明显抑制,从而说明了对于拥有较大增益系数的系统反馈控制手段的有效性。Ding,Zhu,Luo 和 Liu[84]在考虑施加时滞反馈控制器的基础上,以时滞作为分岔参数,利用中心流形定理和规范型方法研究了 Hopf 分岔的存在性、稳定性和方向,证明了时滞反馈控制器对时滞诱发的 Hopf 分岔具有抑制作用。也有研究表明可以利用变时滞来镇定拥塞控制系统[150, 151]。

以上是时滞研究方面的文献综述情况。可以看出,在已有的关于网络拥塞控制算法的非线性动力学行为的研究中,对于施加控制的情形研究的较少,而时滞诱发的分岔问题也没有被给予必要的关注,对于分岔的研究也只是集中在余维一的情形中,高余维的情况还鲜有文章涉及。这些将成为本文工作所主要关注的方向。

近年来,大量研究表明,在自然界与工程问题中时滞是广泛存在的,如神经元信号传导[90, 98, 110]、通讯网络[3, 8, 14]、反馈控制系统[88, 133, 152]等等。应该说对于时滞系统的研究是具有一定难度的,虽然近几十年来关于时滞系统(线性的、非线性的)的研究报告也有相当的数量[85-119],然而对于时滞系统的研究依然处于见招拆招的局面,并没有很多成熟、完备的理论可供借鉴。对于时滞系统的研究手段主要可以参考文献[120—127]。文献[133]提供了关于泛函微分方程的基本理论,乃是研究时滞微分方程的主要依据。文献[130]提供了一种参数被周期摄动时研究系统动力学行为的新思路。对于 Hopf 分岔的研究和 Fold - Hopf 分岔、双 Hopf 分岔的研究主要依据文献[128]、[129],以及 Hassard, Kazarinoff, Han[134], Kuznetsov[135] 和 Guckenheimer,Holmes[137]等人的经典著作。Das 等人[122]提出将多尺度法应用于时滞微分系统的研究,可不经中心流形约化直接求得规范型方程,现已获得广泛应用。在文献[120,121]中提出的一种全新的基于摄动理论的 PIS(Perturbation - Incremental Scheme)方法,通过引入对偶算子将求解摄动系统在 Hopf 分岔点处的周期解转化为求解一组代数方程,而当摄动幅度较大时通过将周期解展开为多阶谐波项之和以提高精度,与数值解的对照表明,不论是对于 Hopf 分岔问题还是对于双 Hopf 分岔问题,该方法均能达到令人满意的精度。另外,文献[85]中提出的寻找稳定参数边界和确定参数分类区域以及在中心流形约化的基础上通过平均法求解 Hopf 分岔产生的周期解的方法,也为这类问题的研究提供了新思路。

1.1.2 研究内容

在目前已有的针对因特网拥塞控制模型的非线性动力学的研究中,绝大多数作者关注的是模型平衡点的稳定性而非平衡点失稳后可能产生的动力学现象。这是因为因特网是一个人工系统问题,而拥塞控制属于工程问题,一般对于这类问题人们总是希望平衡点是全局渐近稳定的,并且该稳定性对于参数变化具有鲁棒性。然而,实际情况是,当网络参数变化时,系统平衡点的稳定性往往得不到保证。研究表明[42],网络的发包窗口或数据发送速率可以呈现周期振荡、概周期振荡乃至混沌振荡等运动形式。这说明,对网络系统稳定性的设计特别是全局稳定性的设计有时是失效的,我们需要进一步研究系统失稳后出现的各种非线性动力学现象,包括其产生的机制以及对其进行抑制的手段。

通过连续流近似,可以用微分方程来描述拥塞控制算法。对于这样的模型,通常为了寻找系统平衡点发生稳定性切换的条件,需要将系统在平衡点附近进行线性化,而后,通过研究该线性化系统的特征值以获得系统发生稳定性切换时的必要条件。进一步地,结合分岔理论,便可以获得系统平衡点因分岔而发生稳定性切换时参数所需满足的条件。然后,选择那些可控性差或可能在较大范围内变化的参数作为分岔参数,对其进行摄动,利用非线性动力学的有关理论和方法,如中心流形约化、规范型理论、摄动方法、谐波平衡法或数值方法,对系统失稳后所出现的动力学现象进行定性和定量的刻画。而对于直接用离散动力系统描述的算法模型,也可以用类似的方法对其进行线性或非线性分析。对于各种不同版本的因特网拥塞控制算法模型的研究表明,当参数变化时,系统会出现 Hopf 分岔从而使得系统进入周期振荡,这一现象是十分普遍的。

上述研究方式属于理论研究。还有另外一种思路,即只关注实际问题中所得到的数据。基于这种思路,模型可以有[49]也可以没有[42]。作者们通过对网络数据实际监测的结果或网络模拟器仿真的结果进行数据分析,提取网络系统非线性动力学的频率信息,从而判断倍周期运动、概周期运动、混沌运动的出现。他们通过大量的实验研究了网络系统参数与网络非线性动力学之间的关系,从而为网络系统的设计特别是参数设计提供了依据和参考。

1.1.3 研究方法

研究因特网拥塞控制模型稳定性问题的方法主要是结合矩阵不等式使用的 Lyapunov 泛函方法。该方法实际上是传统的 Lyapunov 函数方法在时滞动力系统中的推广,利用该方法常常能够得到系统平衡点全局渐近稳定的充分条件,对于工程系统的设计有一定的指导意义,但是由于所得到的条件精度取决于所采用的不等式的放缩程度,因此利用该方法所得结果的"经济性"通常是不够理想的。

除此以外,便是利用非线性动力学的相关理论特别是分岔理论来研究因特网拥塞控制模型的稳定性问题。这类研究通常致力于寻找系统平衡点失稳的充分必要条件,同时,对于平衡点失稳后所产生的各种动力学现象进行了详细的刻画,并可据此提出相应的控制策略。利用非线性动力学理论来研究网络拥塞控制模型的方法主要有:

中心流形和规范型方法:利用中心流形定理将方程约化到中心流形上从而实现方程的降维,再利用规范型理论对中心流形上的动力学方程做进一步地整理得到规范型方程,最终得到系统振荡时其振幅和频率之间的关系。由于规范型方程中的系数是和参数有关的,通过研究规范型方程便可以清楚地判断出参数对于系统的非线性动力学行为有怎样的影响。

多(时间)尺度方法:将方程的解展开成某个小参量的幂级数,同时将时间变量分离成多个不同的时间尺度,然后求解在小参量的不同量级上所得到的方程,通过消除长期项来得到不同量级上的可解性条件,最后将这些可解性条件加以整合并回到原始时间尺度,便可得振幅-频率方程。多尺度方法具有计算简便且精度高的优点,并且可以很方便地应用于时滞微分方程的研究,这也是本研究采用的主要方法。

摄动增量法(PIS):这是一种可以有效地研究时滞微分方程分岔解的

半解析-数值方法,其针对时滞系统的应用形式首先在文献[120,121]中提出。该方法包括两部分:摄动和增量。在第一部分中,通过定义内积并进行投影,可以将求解微分方程弱非线性分岔解的问题转化为代数方程组的求解问题,从而顺利地得到时滞系统的分岔解。在第二部分增量的过程中,将摄动过程所得到的弱非线性分岔解作为初值,结合非线性时间尺度变换和谐波平衡法,可以以很小的计算量求出强非线性系统的分岔解。

也有一些面向具体问题的研究采用的是频域方法或数据处理方法,如文献[42,49]所述。

1.1.4　存在的问题

我们之前提到,因特网拥塞控制模型的研究大体上可以分为理论研究和实验研究两类。我们来分别介绍其中所存在的问题。

在理论研究中,作者们利用方程或动力系统的相关理论,对模型可能出现的稳定性切换进行研究,对复杂动力学行为进行预测。然而,主要的问题在于,基于模型的理论研究虽然能够提供一些较为精确的、参数空间中的大范围结果,但是模型本身的正确性是需要考察的。这是因为,在建模的过程中,作者们往往忽略了许多因素以求简化,但是,这些被忽略掉的因素对所研究的问题可能会有重要的影响。而对于那些在建模过程中力求准确的模型来说,由于最终得到的模型过于复杂,又使得理论研究难以进行下去。例如,文献[49]中所研究的方程便是一个能够比较准确地反映TCP/RED拥塞控制算法的模型,但是由于模型右端含有状态依赖时滞及不连续函数,使得无论是研究该系统的稳定性还是非线性动力学都是异常困难的。除此以外,为了便于分析,现有的文献往往给出的是简单情形下的结果,例如单用户网络、单链路网络、只含有一个时滞的网络等等,所提供的结果往往也仅限于 Hopf 分岔所引起的单频率振荡等等。

在因特网拥塞控制问题的研究中,真正意义上的实验研究并不多见,更为常见的是利用网络模拟器进行的仿真研究。由于网络模拟器比较真实地模拟了实际网络系统的工作环境,因而被认为是行业验证标准,在许多场合下可以替代实验研究。不论是真正的实验研究还是基于网络模拟器的仿真研究,虽然其结果具有相当高的可信性,但是想要基于此类研究而做出某些结论则需要相当大的工作量,并且由于缺乏理论结果的支撑,对实验研究中所发现的某些现象往往不能做出具有说服力的解释。

另外,多数研究考虑的是揭示现象,而对所产生的问题要如何进行控制却提及不多。例如,很多研究表明网络中普遍存在着 Hopf 分岔所引起的振荡,但是如何有效地抑制振荡却并没有引起足够的关注。

一般情况下,对于网络模型的设计以平衡点的全局渐近稳定作为最高准则。对于多项式形式的人工神经网络,我们可以结合矩阵不等式,利用 Lyapunov 函数(或泛函)方法来得到平衡点全局渐近稳定所需要满足的条件。然而,由于因特网拥塞控制模型的右端往往是有理函数的形式,其中还可能含有非光滑、不连续或时变时滞,这使得利用上述方法设计因特网拥塞控制系统的全局渐近稳定性的工作变得比较困难。如何研究因特网拥塞控制系统的全局渐近稳定性,也是当前困扰学者们的一个主要问题。

1.2 因特网拥塞控制研究的趋势

目前的研究特别是针对非线性现象的研究主要集中在低维系统。这主要是因为研究高维系统的分岔问题具有相当大的难度,尤其是含有时滞的模型不论其方程的个数都属于无穷维动力系统,仅仅是确定分岔参数的临界值便需要花费很大的计算代价,若要进一步研究其非线性特征则无疑更加困难。但是,必须要认识到真正的因特网是一个复杂的巨系统,若要进一步了解因特网拥塞控制问题则必须从高维系统入手展开研究。因此,研究高维系统的线性与非线性分析的新的有效方法并将之应用于因特网拥塞控制模型的研究将是本领域研究的一个趋势。

已经开始有作者关注在因特网拥塞控制模型中由高维分岔所引起的复杂动力学现象。特别是,已经有作者报道了拥塞控制模型中存在着混沌现象以及网络中存在着由概周期到混沌的路径[42],可以预计,拥塞控制模型的混沌问题的研究将是未来的研究热点。

关注复杂拓扑结构。在这方面已经有了一些初步的工作,但基本是针对某个具体的网络结构,结果缺乏一般性。拓扑结构对于网络系统的稳定性的影响,特别是复杂拓扑而引起的多时滞的出现对网络系统稳定性的影响,将会成为未来学者们关心的关键性学术问题。

另外,越来越多的作者在建模的过程中开始考虑随机因素的影响。网络中的随机因素可谓比比皆是,如参数随机性、路由不确定性、因恶意攻击而产生的拥塞……因此,以随机微分方程的形式建立模型并开展研究也会成为未来研究的主流方向。

1.3 主要工作和研究意义

时滞是因特网拥塞控制问题中一个极其重要的参量,但由于参数不确定性其对拥塞控制系统动力学行为的影响是需要通过系统研究才能揭示的。特别是由时滞通过动态分岔所引起的稳定性切换现象,更是对拥塞控制算法的设计提出了严峻的挑战。本书的主要工作就是研究发生在因特网拥塞控制系统中由时滞所引起的分岔以及平衡点失稳后出现的各种非线性动力学现象,通过定性和定量地研究揭示参数和非线性动力学现象之间的关系。这样,我们便可以有针对性地进行参数选择或施加控制手段,以最大限度地保证平衡点的稳定性,这也是本研究的意义所在。下面将分章予以说明。

在第 1 章中,我们通过对一个简单的单用户、单链路模型的考察来寻找利用时滞来"镇定"系统的可能性。大量的理论、数值和实验研究表明,网络中所存在的周期、概周期、混沌运动等现象都可能与时滞的存在有关,甚至是直接由时滞引起。这些复杂的运动现象极大地增加了网络系统出现数据包拥塞的可能。因此,时滞往往被看作是危害网络稳定性的因素。然而,任何事物都有其两面性,我们相信时滞也应该可以以某种方式被加以利用,也就是说,可以尝试利用时滞来控制时滞所引起的振荡。当然,这首先需要对时滞所引起的网络系统的非线性动力学行为有一个透彻的了解。对于时滞所引起的网络中的复杂运动,多数研究都集中在定性方面,量化的研究比较少见。毫无疑问,定量的研究时滞的变化引起链路中数据发送速率的改变是具有重大的理论和实际意义的,这也是研究利用时滞来镇定系统的前提。在利用多尺度法得到了时滞的变化和振荡幅值变化的规律后,我们对时滞进行低频的周期摄动。数值结果表明,当摄动的幅值较大时,系统原有的周期运动将衰减。为解释这个现象,我们研究了经多尺度法求得的(变系数)振幅-频率方程。该方程是 Bernoulli 方程,从而可以直接求解。对该解进行分析,不难给出镇定系统所需的时滞的摄动参数应满足的条件。从而,在网络设计中,不妨把时滞作为一个控制参数,当侦测到网络中出现振荡时,对时滞施加一定程度的周期摄动(在某些实际问题中,这可以通过周期的改变用户的优先级来实现),从而可以起到镇定系统的作用。

众所周知,互联网是典型的高维系统。当以微分方程的形式来描述网络中的运动时,如何研究大量节点的网络情形,是一个长期以来一直受到关心的问题,特别是高维含时滞的网络系统的非线性动力学研究,因其近似的真实性和研究的复杂性,被赋予了重要的理论和实际意义。而在高维网络拥塞控制模型中,时滞的出现对于系统的非线性动力学行为有怎样的影响,究竟是有利还是有害,应怎样利用或加以避免,这便是第 3 章研究的动机。第 3 章研究的对象为 n 维的 Kelly 型拥塞控制模型。假定 n 个用户共享同一条链路,但各个用户所获得的物理参数并不一定相同。以时滞为分岔参数,通过特征值分析确定了系统发生 Hopf 分岔的临界时滞和特征频率。再由多尺度方法,求得系统平衡点失稳后产生的周期解以及相应的振幅-频率方程,从而获得了这一高维拥塞控制模型中时滞和由其所诱发的发包速率周期振荡之间的定量关系。根据第 2 章的工作,时滞的周期变化可能引起系统振荡衰减从而起到镇定系统的作用。考虑对各个用户的时滞施加频率相同但幅度不同的周期摄动。再次利用多尺度法,求得系统在变时滞作用下的(变系数)振幅方程。然后分别利用 Bernoulli 方程的求解公式和快慢变系统理论这两种方法,得到镇定系统所需的时滞摄动参数所应满足的条件。数值结果证明了理论分析具有一定的精度。特别值得注意的是这样一种情况,即只对其中一个用户的时滞进行摄动而使系统稳定下来。这为基于周期时滞的网络振荡抑制器的设计提供了理论依据。

在第 4 章中,我们考虑含有两个时滞的拥塞控制系统,以研究多时滞是否会使系统产生新的动力学现象。有实验研究表明因特网的数据传输过程中普遍存在着概周期运动等复杂的非线性动力学行为。由于在网络拥塞控制问题中时滞是不可忽视而又难以控制的,而由于实际问题的复杂性多时滞现象又是难以避免的,因此,研究多个时滞诱发的拥塞控制模型的复杂非线性动力学行为是十分必要的。在第 4 章中,我们利用多尺度方法研究了两个时滞诱发的非共振双 Hopf 分岔问题,通过分析所得到的振幅方程获得了时滞参数平面上存在概周期解的区域,从而对实验中所观察到的现象给出了一个理论解释。最后通过数值计算验证了理论结果是具有一定精度的。

在第 5 章中,我们推广了第 4 章中的结论,也就是说考察当其他的物理参数变化时,双 Hopf 分岔是否依然存在。为此,我们对含有两个时滞的拥塞控制模型平衡点附近线性系统的特征方程进行了详细的分析,虽然还是不能获得线性系统特征值的解析表达式,但是可以按照几何性质对两时滞平面中稳定性切换边界进行分类,并进而判断双 Hopf 分岔发生的可能性。结合对于穿越条件的研究,我们发现无论其他的物理参数如何变化,两时滞都可以引起双 Hopf 分岔从而使系统出现复杂的非线性动力学现象。此外,在第 5 章中,我们还识别了两类余维三的 tangent 双 Hopf 分岔(tangent double Hopf bifurcation),并采用多尺度法对其中一类进行了定量的研究。

最后,在第 6 章中,我们研究了一个具有非简单拓扑结构的系统,即具有环形拓扑结构的拥塞控制模型。在这类模型中,可以用一个参量(也即是数据包的中转次数)表征网络的拓扑结构从而可以定量的研究环网的拓扑结构对于系统稳定性的影响。由于系统维数较高且拓扑为非简单拓扑,平衡点附近线性系统的特征方程的形式比较复杂。通过观察,我们发现了当 Hopf 分岔发生时时滞的临界值、频率和拓扑结构参数所满足的关系并据此得到了时滞临界值的表达式。结合数值仿真,我们发现,过多的数据中转次数(即路由器网络中的"跳数")会使得网络的稳定性迅速降低,而适当地增加链路容量将有效地提高网络系统的稳定性。

1.4 主 要 创 新 点

本书的主要创新点如下:

一、针对因特网拥塞控制计算模型中,时滞也会导致网络出现振荡的现象,提出对时滞施加周期摄动来消除振荡的方法,给出了使振荡衰减的摄动参数需要满足的条件;

二、改进并推广在两时滞平面上对稳定性边界进行分类的方法;发现

两时滞拥塞控制模型必然存在双 Hopf 分岔奇异性,从而揭示了网络中概周期振荡性拥塞的机制;

三、提出环形网络的拓扑结构单参数的表征方法,建立了跳数、时滞与环形网络的振荡之间的关系,从而解释了环形网络中较大的跳数使得发包速率出现振荡的机制。

研究框架如图 1-1 所示。

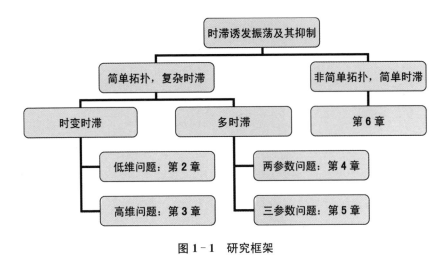

图 1-1 研究框架

第 2 章
一类因特网拥塞控制问题的变时滞振荡抑制

2.1 引　言

在因特网拥塞控制问题的研究中,人们提出了各式各样的算法以求用户可以平稳地发送数据包。但如果算法的稳定性无法保证,也就是发包过程产生了明显的振荡,则设计算法的目的便很难实现。为了更好地利用数学手段研究这一问题,很多学者对离散算法进行了连续流近似从而建立了微分方程,并采用控制理论中的相关方法研究了方程平衡点的全局稳定性或局部稳定性问题,得到了一些在参数空间中保证平衡点稳定性的条件,其中以充分条件为主。然而,在实际问题中,人们发现平衡点的稳定性依然是难以保证的,也就是说,有某些被学者们忽视的因素引起了网络系统的振荡。有哪些因素会引起振荡,引起什么样的振荡,当发现了振荡以后又应该如何进行抑制? 这是本章研究的要点。

在平衡点失稳以后,研究系统会呈现什么样的动力学行为,这属于非线性动力学的范畴。例如,通常采用 Hopf 分岔理论来研究系统的平衡点失稳从而出现周期振荡的现象。在本书中,我们研究 Kelly 在文献[14]中提出的模型

$$\frac{\mathrm{d}y(t)}{\mathrm{d}t} = k(w - y(t-\tau)p(y(t-\tau))), \qquad (2-1)$$

式中，y 为用户的数据发送速率；k 为正的增益系数；w 为目标；τ 为回环时间或时滞（这里时滞由两部分构成，即传输延迟和处理延迟）；p 为其变量的非负单调增函数（并且可以被看做是数据包被丢弃或标记的概率函数）。需要指出的是该函数的具体形式依赖于算法的类型，而且这种丢包算法作用于链路，因此是可以控制的。这样，方程（2-1）便构成了一个带有反馈的闭环控制系统。

在很多实际问题中，时滞可以引起系统的振荡。而时滞在因特网拥塞控制问题中是一个非常重要的参数和指标，因此有必要研究在该问题中时滞引起系统失稳并进入振荡状态的可能性。不难理解，振荡（特别是同步振荡）将会增加网络系统出现拥塞的可能性或使得已经出现的拥塞进一步加剧。我们提出这样两个问题：① 在系统（2-1）中，时滞是否能够诱发振荡；② 在拥塞控制问题中可否利用时滞来抑制振荡。这两个问题构成了本章研究的动机。为了回答第一个问题，我们从分岔的观点来研究当以时滞作为分岔参数的时候系统从平衡态到周期运动的转化，并采用多重时间尺度方法来定量地研究时滞所引起的周期运动。这样，参数与运动的关系便非常明确了。为了回答第二个问题，我们将时滞作为一个控制参数，并引入了一种新的控制手段：周期摄动时滞。我们发现，对一个已经引起周期振荡的时滞进行周期摄动，当摄动的幅度超过一个阈值的时候，整个系统的振荡将会衰减，换言之，系统的振荡将会得到抑制。通过多尺度方法可以从理论上计算出该阈值的大小。这意味着通过这种手段，我们能够降低因振荡引起拥塞的风险。数值结果验证了我们的理论分析。

本章后面的部分安排如下。在 2.2 节中，我们将研究系统的平衡点，稳定性以及发生 Hopf 分岔的可能性。在 2.3 节中，我们简要地介绍使用多尺度方法的基本步骤。在 2.4 节中，我们利用 2.3 节中的多尺度方法求得方程(2-1)中由时滞通过 Hopf 分岔所引起的周期解。我们在 2.5 节中介绍利用周期摄动时滞进行振荡抑制的现象、原理和分析的基本步骤。在最后一节,我们总结了本章的结果,并探讨了在实际问题中应用这种方法的可能性。

2.2　平衡点及其稳定性

在本章中,与文献[3, 14]相同,方程(2-1)中的丢包概率函数或标记函数 p 取为 $p(y) = \dfrac{\theta\sigma^2 y}{\theta\sigma^2 y + 2(c-y)}$,其中,$\sigma^2$ 为数据包队列的方差,但是对于数学模型而言,也可以将 $\theta\sigma^2$ 整体理解为丢包算法对用户所施加的惩罚强度因子;c 为链路容量。在本章中,与文献[14]一样,我们取 $\theta\sigma^2 = 0.5$ 以及 $c = 5$,因此有 $p(y) = \dfrac{y}{20 - 3y}$。容易证明,方程(2-1)有一个唯一的正平衡点,记为 y^*。则 $w = y^* p(y^*)$,解得 $y^* = \dfrac{1}{2}(-3w + \sqrt{w(80 + 9w)})$。不失一般性,当 $w \neq 0$ 及 $w \neq -\dfrac{80}{9}$ 时,令 $x = y - y^*$。则方程(2-1)可以写为

$$\frac{\mathrm{d}x}{\mathrm{d}t} = \frac{2kx_\tau(b + x_\tau)}{3b - a + 6x_\tau} \tag{2-2}$$

式中,$x_\tau = x(t - \tau)$,$a = 40 + 9w$,$b = \sqrt{w(80 + 9w)}$。注意到方程(2-2)当 $b \neq 0$ 以及 $3b - a \neq 0$,为避免由 Taylor 展开所引起的误差,将方程(2-2)重写为

$$\dot{x} = f(x_\tau, \dot{x}) \tag{2-3}$$

式中

$$f(x_\tau, \dot{x}) = -\frac{2kbx_\tau + 2kx_\tau^2 - 6x_\tau \dot{x}}{a - 3b} \qquad (2-4)$$

方程(2-3)平衡点附近线性系统的特征方程为

$$\lambda - C - De^{-\lambda\tau} = 0 \qquad (2-5)$$

式中,$C = \left.\dfrac{\partial f}{\partial x}\right|_{x=0}$,$D = \left.\dfrac{\partial f}{\partial x_\tau}\right|_{x_\tau=0}$。可以很容易求出 $C = 0$,$D = -\dfrac{2kb}{a-3b}$。

特征方程(2-5)的根通常被称为方程(2-4)零点的特征值。当方程(2-3)的特征值为零或纯虚根时,其平凡平衡点的稳定性可能会发生变化[135]。前者对应着所谓的静态分岔,也就是说当参数值变化的时候系统平衡点的数量会发生变化。而后者对应着所谓的 Hopf 分岔,也就是当参数变化的时候,系统会从趋向于平衡点的运动变为等幅的周期运动,或反过来。特别是,如果在参数的临界值处,比如本章的 τ_c,恰好有且仅有一对纯虚特征值 $\pm i\omega$ 出现并且 $\lambda = 0$ 不是方程(2-5)的根,则方程(2-3)将有可能发生 Hopf 分岔。在接下来的讨论中我们将集中精力研究这种情况。为此,令并将 $\lambda = i\omega$ $(\omega > 0)$ 代入方程(2-5),便可以得到通过 τ 和 k 表示的稳定性切换的边界。首先,我们有

$$ak\cos(\omega\tau) + i(\omega - ak\sin(\omega\tau)) = 0 \qquad (2-6)$$

从方程(2-6)中,我们可以确定用 (τ^j, k) 表示的稳定性切换的边界,其中

$$\tau^j = \frac{\pi}{2\omega} + \frac{2j\pi}{\omega},\ j = 0,\ 1,\ 2,\ \cdots,\ \omega = ka \qquad (2-7)$$

对所有的 j,点集 (τ^j, k) 代表了参数空间的一些曲线。将这些曲线表示为 S_j。当一组参数值,也就是说某一个 (τ^j, k) 穿过曲线 S_j 时,如果穿越(横

截)条件得到验证,则特征值实部的符号将发生变化,也就是说随着参数的变化稳定性将发生切换。定义如下的量:

$$d_\tau^j = \frac{\partial \mathrm{Re}(\lambda)}{\partial \tau} \Big|_{(\tau^j, k) \in S_j}, \ d_k^j = \frac{\partial \mathrm{Re}(\lambda)}{\partial k} \Big|_{(\tau^j, k) \in S_j},$$

它们的符号表明了在虚轴上特征值实部符号变化的方向。更具体的,如果 $d_\tau^j \neq 0$, $d_k^j \neq 0$,则在 S_j 上 Hopf 分岔将会发生,只要方程(2-5)其他的所有特征值实部都不为零。

我们指出只有 $j = 0$ 才对应着 Hopf 分岔的情形。选择 τ 作为唯一的分岔参数并且注意到 $C = 0$,则从方程(2-5)中我们可以得到

$$\frac{\mathrm{d}\lambda}{\mathrm{d}\tau} = -\frac{D\lambda}{\mathrm{e}^{\lambda\tau} + D\tau}.$$

令 $\lambda = m + ni$ ($n > 0$)。注意到对于 $\tau = \tau^j$,我们有 $m = 0$ 以及 $n = \omega$。则对于 $D < 0$,我们可以求出

$$\mathrm{Re}\left(\frac{\mathrm{d}\lambda}{\mathrm{d}\tau}\right)\Big|_{\tau^j} = -\frac{Dm(\mathrm{e}^{m\tau}\cos(n\tau) + D\tau) + Dn(\mathrm{e}^{m\tau}\sin(n\tau))}{(\mathrm{e}^{m\tau}\cos(n\tau) + D\tau)^2 + (\mathrm{e}^{m\tau}\sin(n\tau))^2}\Big|_{\tau^j}$$

$$= -\frac{Dn}{(D\tau)^2 + 1} > 0.$$

对于 $\tau < \tau^0$,根据泛函微分方程的有关理论[133],很明显,方程(2-3)的全部特征值的实部都是小于零的。而当 $\tau = \tau^0$ 时,$\mathrm{Re}\left(\dfrac{\mathrm{d}\lambda}{\mathrm{d}\tau}\right) > 0$,意味着对于 $\tau > \tau^0$ 平衡点不再稳定。因此在 $\tau = \tau^0$ 时将可能发生 Hopf 分岔。进一步,注意到当 $\tau > \tau^0$ 时系统已经有特征值实部大于零并且对于 $j \neq 0$,$\mathrm{Re}\left(\dfrac{\mathrm{d}\lambda}{\mathrm{d}\tau}\right) > 0$ 依然成立,则可以断定当 $j \neq 0$ 时,对于 $\tau = \tau^j$ 将不会发生分岔。结合后面的非线性分析,我们有

$$\tau_c = \tau^0 = \frac{\pi}{2\omega}, \ \omega = k\alpha, \tag{2-8}$$

式中，τ_c 为如前所述表示发生 Hopf 分岔的临界值。

  基于上述研究，我们可以得知，在由 (τ_c, k) 所组成的 S_0 上，系统 (2-3) 会发生由 Hopf 分岔所引起的稳定性切换，如图 2-1 所示，其中阴影区域对应着振幅死区或平衡点稳定区域。

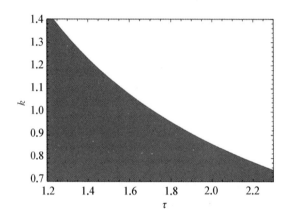

图 2-1 (τ, k) 平面上稳定性切换的边界，其中在阴影区域中系统(2-3)的平衡点稳定

2.3 时滞微分方程的多尺度方法

  可以用下式来表示一类含时滞的标量微分方程：

$$\dot{z}(t) = cz(t) + dz(t-\tau) + \widetilde{f}(z(t), \dot{z}(t)), \tag{2-9}$$

式中，$f(.)$ 为含有平方项的非线性函数。当我们研究 Hopf 分岔问题的时候，需要对方程(2-9)中的分岔参数在其临界值附近进行摄动，也就是令 $\tau = \tau_c + \varepsilon\tau_\varepsilon$，则我们可以得到

$$\dot{z}(t) = cz(t) + dz(t - \tau_c) + f(z(t),\, z(t - \tau_c - \varepsilon\tau_\varepsilon),$$
$$z(t - \tau_c),\, \dot{z}(t),\, \varepsilon),$$

式中，ε 为一个正的小参量。则根据 Das 等人的方法[122]，首先将方程
$(2-9)$的解形式地展开 ε 的幂级数，也就是假设

$$z(t) = Z(T_0,\, T_1,\, T_2,\, \cdots)$$
$$= \varepsilon Z_1(T_0,\, T_1,\, T_2,\, \cdots) + \varepsilon^2 Z_2(T_0,\, T_1,\, T_2,\, \cdots) + \cdots,$$

$$(2-10)$$

式中，$T_i = \varepsilon^i t,\ i = 0,\, 1,\, 2,\, \cdots$。将方程$(2-10)$代入方程$(2-9)$，在 $(T_0 - \tau_c,\, T_1,\, \cdots)$ 处将 $Z_i(t - \tau_c - \varepsilon\tau_\varepsilon,\, \varepsilon(t - \tau_c - \varepsilon\tau_\varepsilon),\, \cdots)$ 展开成 ε 的幂级数并考虑 ε 最低阶上的方程，我们得到

$$D_0 Z_1(T_0,\, T_1,\, T_2,\, \cdots) + \omega Z_1(T_0 - \tau_c,\, T_1,\, T_2,\, \cdots) = 0,$$

$$(2-11)$$

式中 $D_0 = \dfrac{\partial}{\partial T_0}$，$\omega$ 表示当 $\tau = \tau_c$ 时系统周期解的频率。假设方程$(2-11)$的稳态解具有如下的形式：

$$Z_1(T_0,\, T_1,\, T_2,\, \cdots) = A_{11}\sin(\omega T_0) + B_{11}\cos(\omega T_0), \quad (2-12)$$

式中，$A_{11} = A_{11}(T_1,\, T_2,\, \cdots)$，$B_{11} = B_{11}(T_1,\, T_2,\, \cdots)$。为求简便，从现在起我们将 $A_{11}(T_1,\, T_2,\, \cdots)$ 和 $B_{11}(T_1,\, T_2,\, \cdots)$ 分别记做 A_{11} 和 B_{11}。将 $(2-12)$ 代入方程$(2-10)$，则在 ε 的二阶量级我们可以得到如下方程：

$$D_0 Z_2(T_0,\, T_1,\, T_2,\, \cdots) + \omega Z_2(T_0 - \tau_c,\, T_1,\, T_2,\, \cdots) + F_2$$
$$+ P_{21}\sin(\omega T_0) + Q_{21}\cos(\omega T_0) + P_{22}\sin(2\omega T_0) + Q_{22}\cos(2\omega T_0) = 0,$$

$$(2-13)$$

式中，$P_{2i} = P_{2i}(D_1A_{11}, D_1B_{11}, A_{11}, B_{11})$，$Q_{2i} = Q_{2i}(D_1A_{11}, D_1B_{11}, A_{11}, B_{11})$，$D_1 = \dfrac{\partial}{\partial T_1}$，$i = 1, 2$ 以及 $F_2 = F_2(A_{11}, B_{11})$。注意 F_2 的出现是由于 $f(.)$ 中的平方非线性项的存在。为了避免方程(2-9)的解中出现长期项，一阶谐波项是不应存在的，据此我们可以得到一组关于 D_1A_{11} 和 D_1B_{11} 的方程。解这些方程，可以得到

$$D_1A_{11} = M_1(A_{11}, B_{11}), \ D_1B_{11} = N_1(A_{11}, B_{11}).$$

由此，方程(2-13)的解可以设为如下形式：

$$Z_2(T_0, T_1, T_2, \cdots) = C_2 + A_{22}\sin(2\omega T_0) + B_{22}\cos(2\omega T_0).$$

$$(2-14)$$

将方程(2-14)代入方程(2-13)，我们得到

$$A_{22} = A_{22}(A_{11}, B_{11}), \ B_{22} = B_{22}(A_{11}, B_{11}), \ C_2 = C_2(A_{11}, B_{11}).$$

$$(2-15)$$

对于 ε 的高阶量级上的方程重复上述的步骤可以得到表示为 A_{11} 和 B_{11} 的函数的 D_iA_{11} 以及 D_iB_{11}，其中 $D_i = \dfrac{\partial}{\partial T_i}$，$i = 1, 2, \cdots$。最终，我们有

$$\frac{dA_{11}}{dt} = \varepsilon D_1A_{11} + \varepsilon^2 D_2A_{11} + \cdots, \ \frac{dB_{11}}{dt} = \varepsilon D_1B_{11} + \varepsilon^2 D_2B_{11} + \cdots.$$

$$(2-16)$$

利用下面的变换：

$$A_{11} = R(t)\cos(\phi(t)), \ B_{11} = R(t)\sin(\phi(t)), \qquad (2-17)$$

方程(2-16)的极坐标形式可以表示如下：

$$\dot{R}(t) = r_1(\varepsilon, \tau_\varepsilon)R(t) + r_3(\varepsilon, \tau_\varepsilon)R(t)^3 + r_5(\varepsilon, \tau_\varepsilon)R(t)^5 + \cdots,$$

$$\dot{\varphi}(t) = f_0(\varepsilon, \tau_\varepsilon) + f_2(\varepsilon, \tau_\varepsilon)R(t)^2 + f_4(\varepsilon, \tau_\varepsilon)R(t)^4 + \cdots.$$

$$(2 - 18)$$

2.4 方程(2-1)的 Hopf 分岔与周期振荡

与文献[23]中的讨论类似,我们假设 $k = 1$ 和 $w = 1$。则可以很容易的计算出 $\alpha = 0.911581$。当 Hopf 分岔发生时,通过方程(2-8)可以求得 $\tau_c = \dfrac{\pi}{2\alpha} = 1.72315$ 和 $\omega = 0.911581$。根据上一节中介绍的多尺度方法,假设由 Hopf 分岔所诱发的周期解具有如下形式:

$$x(t) = \varepsilon^2 C_2 + \varepsilon(A_{11}\sin(\omega t) + B_{11}\cos(\omega t))$$
$$+ \varepsilon^2(A_{22}\sin(2\omega t) + B_{22}\cos(2\omega t)) + \cdots,$$

式中,每一项及其系数的含义与上一节相同。根据方程(2-15),方程(2-16)和方程(2-17),令 $\tau = \tau_c + \varepsilon\tau_\varepsilon$,则可以得到如下的规范型方程或振幅-频率方程

$$\dot{R}(t) = r_1 R(t) + r_3 R(t)^3 + r_5 R(t)^5,$$
$$\dot{\varphi}(t) = f_0 + f_2 R(t)^2 + f_4 R(t)^4,$$

$$(2 - 19)$$

式中

$$r_1 = 0.239\,655\varepsilon\tau_\varepsilon - 0.205\,538\varepsilon^2\tau_\varepsilon^2 + 0.144\,392\varepsilon^3\tau_\varepsilon^3$$
$$- 0.094\,555\,1\varepsilon^4\tau_\varepsilon^4,$$

$$r_3 = -0.027\,408\,7\varepsilon^2 + 0.033\,540\,3\varepsilon^3\tau_\varepsilon - 0.026\,051\,7\varepsilon^4\tau_\varepsilon^2,$$

$$r_5 = 0.000\,023\,795\,4\varepsilon^4,$$

$$(2 - 20)$$

以及

$$f_0 = -0.376\,449\varepsilon\tau_\varepsilon + 0.150\,621\varepsilon^2\tau_\varepsilon^2 - 0.052\,228\,7\varepsilon^3\tau_\varepsilon^3$$
$$+ 0.010\,734\,9\varepsilon^4\tau_\varepsilon^4,$$
$$f_2 = -0.035\,639\,1\varepsilon^2 + 0.064\,150\,6\varepsilon^3\tau_\varepsilon - 0.064\,027\,5\varepsilon^4\tau_\varepsilon^2,$$
$$f_4 = -0.001\,525\,43\varepsilon^4. \tag{2-21}$$

当一个等幅振荡的周期解通过分岔产生时,我们可以通过方程 $\dot{R}(t) = 0$ 得到该周期解的振幅。也就是

$$R_{st} = 0.5\sqrt{2\,303.7 - 2\,819.06\tau_\Delta + 2\,189.65\tau_\Delta^2 - 2\,204.12\Delta}, \tag{2-22}$$

式中,$\tau_\Delta = \varepsilon\tau_\varepsilon$,$\Delta = \sqrt{(0.933\,131 - 1.333\,65\tau_\Delta + \tau_\Delta^2)(1.170\,69 - 1.227\,54\tau_\Delta + \tau_\Delta^2)}$。将方程(2-22)代入方程(2-19),我们得到

$$\varphi(t) = \varphi_0 + (-1\,032.47 + 987.835\Delta + \tau_\Delta(2\,553.69 - 1\,220.14\Delta)$$
$$+ \tau_\Delta^2(-3\,553.65 + 955.542\Delta) + 2\,443.47\tau_\Delta^3 - 955.32\tau_\Delta^4)t,$$

式中,φ_0 为初始相位。

至此,我们可以得到方程(2-1)的一个近似解,即

$$x(t) = \varepsilon R_{st}\sin(\omega t + \varphi(t))$$
$$+ \varepsilon^2(\rho_0 + 0.039\,6R_{st}^2(\cos(2\omega t + 2\varphi(t)) - 2\sin(2\omega t + 2\varphi(t)))),$$

式中,$\rho_0 = -0.198R_{st}^2$。注意到 $y_{\min}^{\max} = 3.216\,99 + \varepsilon^2\rho_0 \pm \varepsilon R_{st}$,我们便可以做出分岔图,其中,当 τ 在 τ_c 附近变化时,我们将周期解振幅的最大值和最小值同时在图上表示出来。图2-2展示了数值结果[142]与利用多尺度方法得到的结果在时间历程图、相图和分岔图中的比较,通过图2-2,我们可以看出多尺度方法得到的结果的精度是令人满意的。

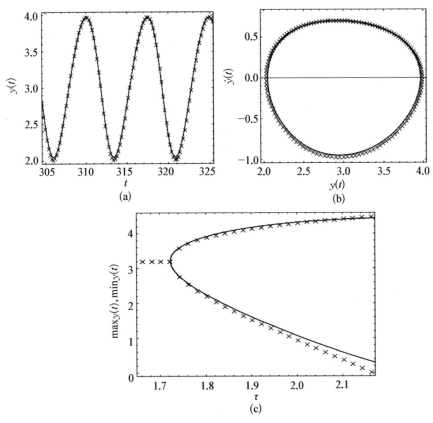

图 2-2　数值结果与利用多尺度方法得到的结果的比较,通过 (a) 时间历程图,(b) 相图,(c) 分岔图,其中在 (a),(b) 中 $\varepsilon\tau_\varepsilon = 0.1$。实线表示多尺度方法的结果,"×"表示数值结果

2.5　利用周期摄动时滞进行振荡抑制

通过上一节的计算,我们已经知道系统 (2-1) 中的时滞可以导致周期振荡,只要 $\tau = \tau_c + \varepsilon\tau_\varepsilon$,其中,$\varepsilon\tau_\varepsilon > 0$。在这一节中,我们尝试给出一种基于时滞的控制策略,即,对时滞施加时变的摄动[130]。具体来说,令

$$\tau(t) = \tau_s + B\sin(\Omega t),\qquad(2-23)$$

式中，Ω 为摄动的频率，$\tau_s = \tau_c + \varepsilon\tau_\varepsilon$。图 2-3 提供了关于这种周期摄动的示意图。

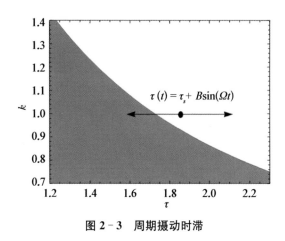

图 2-3　周期摄动时滞

在接下来的研究中，对于任意的 τ_s，我们将尝试给出可以有效抑制振荡的 B 的阈值的理论预计值。将方程(2-23)代入方程(2-1)中，则

$$\frac{\mathrm{d}y(t)}{\mathrm{d}t} = k(w - y(t - \tau(t))p(y(t - \tau(t)))) \tag{2-24}$$

对于含有时变时滞的微分方程，一些学者已经做了一些研究[139,93]，其中文献[93]给本章的研究提供了借鉴。根据文献[148,149]的研究，我们知道变时滞动力系统可能会出现分岔滞后的现象，换言之，当时滞为时间的周期函数时，线性化系统的特征方程与定常时滞的情况可能会有所不同。然而，经过数值仿真结果的检验，当 B 及 $\tau_s - \tau_c$ 为小量时，$B\sin(\Omega t)$ 可以看成是对定常时滞的摄动并且可以近似认为此时变化的时滞对之前的特征值分析的影响并不显著，因此依然可以采用多尺度方法来求解系统发生 Hopf 分岔时的振幅-频率方程，即

$$\dot{R}(t) = r_1(t)R(t) + r_3(t)R(t)^3 + r_5(t)R(t)^5, \tag{2-25}$$
$$\dot{\varphi}(t) = f_0(t) + f_2(t)R(t)^2 + f_4(t)R(t)^4.$$

注意,为了得到方程(2－25),有时需要进行重新标度:$\varepsilon R(t) \rightarrow R(t)$。下面我们将首先给出方程(2－25)的解的表达式,然后在 2.5.2 节和 2.5.3 节中进一步讨论当 τ_s 和 B 变化的时候系统的动力学行为会有什么样的变化。

2.5.1　方程(2－25)的近似解

假设物理参数的取值与函数 p 的表达式均与 2.4 节相同。通过多尺度方法,我们可以求得

$$
\begin{aligned}
r_1(t) = {} & g_0 + g_1 \sin(\Omega t) + g_2 \cos(\Omega t) + g_3 \sin(2\Omega t) + g_4 \cos(2\Omega t) \\
& + g_5 \sin(3\Omega t) + g_6 \cos(3\Omega t) + g_7 \sin(4\Omega t) + g_8 \cos(4\Omega t),
\end{aligned}
$$

$$
r_3(t) = h_0 + h_1 \sin(\Omega t) + h_2 \cos(\Omega t) + h_3 \sin(2\Omega t) + h_4 \cos(2\Omega t),
$$

$$
r_5(t) = i_0, \tag{2－26}
$$

和

$$
\begin{aligned}
f_0(t) = {} & m_0 + m_1 \sin(\Omega t) + m_2 \cos(\Omega t) + m_3 \sin(2\Omega t) + m_4 \cos(2\Omega t) \\
& + m_5 \sin(3\Omega t) + m_6 \cos(3\Omega t) + m_7 \sin(4\Omega t) + m_8 \cos(4\Omega t),
\end{aligned}
$$

$$
f_2(t) = n_0 + h_1 \sin(\Omega t) + n_2 \cos(\Omega t) + n_3 \sin(2\Omega t) + n_4 \cos(2\Omega t),
$$

$$
f_4(t) = l_0, \tag{2－27}
$$

式中

$$
\begin{aligned}
g_0 = {} & -0.1B^2 - 0.035B^4 + 0.24(\tau_s - \tau_c) + 0.22B^2(\tau_s - \tau_c) \\
& - 0.21(\tau_s - \tau_c)^2 - 0.28B^2(\tau_s - \tau_c)^2 + 0.14(\tau_s - \tau_c)^3 \\
& - 0.1(\tau_s - \tau_c)^4 + 0.07B^2\Omega^2, \tag{2－28}
\end{aligned}
$$

$$
\begin{aligned}
g_1 = {} & 0.24B + 0.11B^3 - 0.4B(\tau_s - \tau_c) - 0.28B^3(\tau_s - \tau_c) \\
& + 0.43B(\tau_s - \tau_c)^2 - 0.38B^3(\tau_s - \tau_c)^3 + 0.17B\Omega^2 \\
& + 0.17B(\tau_s - \tau_c)\Omega^2,
\end{aligned}
$$

$$g_2 = 0.29B\Omega + 0.0001B^3\Omega + 0.13B(\tau_s - \tau_c)\Omega$$
$$+ 0.0005B(\tau_s - \tau_c)^2\Omega - 0.07B\Omega^3,$$

$$g_3 = 0.06B^2\Omega + 0.0005B^2(\tau_s - \tau_c)\Omega,$$

$$g_4 = 0.1B^2 + 0.05B^4 - 0.22B^2(\tau_s - \tau_c)$$
$$+ 0.28B^2(\tau_s - \tau_c)^2 - 0.1B^2\Omega^2,$$

$$g_5 = -0.04B^3 + 0.1B^3(\tau_s - \tau_c),$$

$$g_6 = -0.0001B^3\Omega,$$

$$g_7 = 0,$$

$$g_8 = -0.012B^4,$$

$$h_0 = -0.027 - 0.046B^2 + 0.068(\tau_s - \tau_c) - 0.092(\tau_s - \tau_c)^2,$$

$$h_1 = 0.068B - 0.184B(\tau_s - \tau_c),$$

$$h_2 = 0.005B\Omega,$$

$$h_3 = 0,$$

$$h_4 = 0.046B^2,$$

$$i_0 = -0.004,$$

以及

$$m_0 = 0.08B^2 + 0.004B^4 - 0.38(\tau_s - \tau_c) - 0.08B^2(\tau_s - \tau_c)$$
$$+ 0.15(\tau_s - \tau_c)^2 + 0.03B^2(\tau_s - \tau_c)^2 - 0.05(\tau_s - \tau_c)^3$$
$$+ 0.01(\tau_s - \tau_c)^4 - 0.05B^2\Omega^2,$$

$$m_1 = -0.376B + 0.3B(\tau_s - \tau_c) + 0.03B^3(\tau_s - \tau_c)$$
$$- 0.16B(\tau_s - \tau_c)^2 - 0.039B^3 + 0.04B(\tau_s - \tau_c)^3$$
$$- 0.08B\Omega^2 - 0.11B(\tau_s - \tau_c)\Omega^2,$$

$$m_2 = -0.14B\Omega - 0.0005B^3\Omega - 0.11B(\tau_s - \tau_c)\Omega$$
$$- 0.002B(\tau_s - \tau_c)^2\Omega + 0.03B\Omega^3,$$

$$m_3 = -0.06B^2\Omega - 0.002B^2(\tau_s - \tau_c)\Omega,$$

$$m_4 = B^2[-0.075 - 0.005B^2 + 0.08(\tau_s - \tau_c) - 0.03(\tau_s - \tau_c)^2 + 0.06\Omega^2],$$

$$m_5 = 0.01B^3 - 0.01B^3(\tau_s - \tau_c),$$

$$m_6 = 0.0005B^3\Omega,$$

$$m_7 = 0,$$

$$m_8 = 0.001B^4,$$

$$n_0 = -0.036 - 0.057B^2 + 0.086(\tau_s - \tau_c) - 0.113(\tau_s - \tau_c)^2,$$

$$n_1 = 0.086B - 0.227B(\tau_s - \tau_c),$$

$$n_2 = -0.005B\Omega,$$

$$n_3 = 0,$$

$$n_4 = 0.057B^2,$$

$$l_0 = -0.004.$$

注意到方程(2-25)的第一条方程仅与 $R(t)$ 有关,而第二条方程又依赖于 $R(t)$,因此,我们可以集中注意力来研究方程(2-25)的第一行,即

$$\dot{R}(t) = r_1(t)R(t) + r_3(t)R(t)^3 + r_5(t)R(t)^5. \qquad (2-29)$$

不难验证,因为 $R(t)^5$ 的系数接近零,所以在方程(2-29)中是否考虑 $R(t)^5$ 对方程的求解并没有很大影响,因此为了简化分析,我们忽略 $R(t)^5$。则方程(2-29)化为

$$\dot{R}(t) = r_1(t)R(t) + r_3(t)R(t)^3 \qquad (2-30)$$

注意到方程(2-30)实际上是一个 Bernoulli 方程,我们有下面的引理。

引理 2.1　方程(2-30)的解的表达式可以解析地给出,即

$$R(t) = Ce^{\int_0^t r_1(s)ds} \Big/ \sqrt{1 - 2C^2 \int_0^t r_3(s_2)e^{2\int_0^{s_2} r_1(s_1)ds_1}ds_2}, \quad (2-31)$$

式中，C 为初始条件。

2.5.2 对于方程(2-24)的振荡抑制的研究

在这一小节中，我们得到了一个使得方程(2-30)的解衰减的充分条件。注意，方程(2-30)的解的衰减对应着方程(2-24)的一种类 Bursting 解的衰减。那么，我们有下面的引理。

引理 2.2 方程(2-30)的解衰减的一个充分条件是 $g_0 < 0$，其中，g_0 的含义参见方程(2-28)。

证明： 如果初始条件为正(在网络系统中这总是满足的)，即方程(2-31)中，$C > 0$，则等式可以写为

$$R(t) = 1 \Big/ \sqrt{C^{-2}e^{-2\int_0^t r_1(s)ds} - 2e^{-2\int_0^t r_1(s)ds}\int_0^t r_3(s_2)e^{2\int_0^{s_2} r_1(s_1)ds_1}ds_2},$$

令 $\widetilde{C} = C^{-2}$。利用 Fourier 级数展开并注意到式(2-26)，我们得到

$$\widetilde{C}e^{-2\int_0^t r_1(s)ds} - 2e^{-2\int_0^t r_1(s)ds}\int_0^t r_3(s_2)e^{2\int_0^{s_2} r_1(s_1)ds_1}ds_2 = \widetilde{C}e^{-2g_0 t}G(t) + H(t).$$

$$(2-32)$$

式中，$G(t)$ 和 $H(t)$ 是以 Ω 为频率的周期函数。显然，$\widetilde{C}$ 为正，且 g_0 的符号决定了 $u(t) = \widetilde{C}e^{-2g_0 t}G(t) + H(t)$ 的长期行为。具体来说，如果 $g_0 > 0$，则 $\widetilde{C}e^{-2g_0 t}G(t)$ 将以指数速率衰减，那么 $u(t)$ 的长期行为将由 $H(t)$ 来决定，从而 $R(t)$ 呈现周期性的振荡。对于 $g_0 = 0$，这个结论依然成立。如果 $g_0 < 0$，则 $u(t)$ 将以指数速率增长，那么 $R(t) = 1/\sqrt{u(t)}$ 必将以指数速率趋于零。证毕。

从引理 5.2 我们可以知道，给定 Ω（例如，在下面的算例中，我们令

$\Omega = 0.02$），当 $g_0 = g_0[B, (\tau_s - \tau_c), \Omega] < 0$ 满足时,系统的振荡将会衰减,如图 2-4 所示。

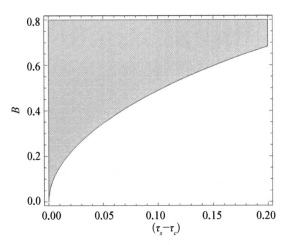

图 2-4　可实现变时滞振荡抑制的参数区域。灰色区域中 $g_0[B, (\tau_s - \tau_c), 0.02] < 0$,因此当参数在此区域中取值时系统的振荡将会衰减

令 $g_0 = 0$,则我们可以在参数平面上得到一个由参数临界值 $[B, (\tau_s - \tau_c)]$ 所构成的曲线,这条曲线可视作变时滞反馈振荡抑制能够起作用的边界。那么,我们便能够将理论结果同数值结果进行比较。例如,当 $(\tau_s - \tau_c) = 0.05$ 时,求解 $g_0[(\tau_s - \tau_c), B, 0.02] = 0$ 得到 B 的临界值是 0.344 4。为了验证理论结果,我们分别对 $B = 0.325$ 和 $B = 0.365$ 的情况进行数值模拟,如图 2-5(a)和图 2-5(b)所示。很明显,当 $B = 0.325$ 时,振荡持续,而当 $B = 0.365$ 时,振荡衰减。这说明理论结果的精度是令人满意的。对于其他的情况,也可以做类似的比较,例如,当 $(\tau_s - \tau_c) = 0.1$ 时,B 的临界值的理论预计为 0.488 5,而当 $(\tau_s - \tau_c) = 0.15$ 时,这个预计值为 0.596 6。图 2-6 和图 2-7 给出了在这两种情况下的数值计算结果,均可以说明理论分析的正确性。

至此,我们可以断言,只要周期摄动时滞在实际的问题背景中能够实现,通过周期时滞来进行振荡抑制便是有效的。

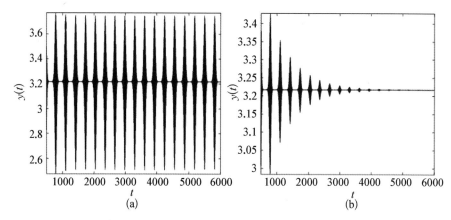

图 2-5　数值模拟得到的时间历程图，其中 $(\tau_s - \tau_c) = 0.05$，$\Omega = 0.02$ 以及
(a) $B = 0.325$，(b) $B = 0.365$

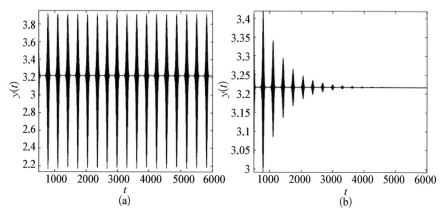

图 2-6　数值模拟得到的时间历程图，其中，$(\tau_s - \tau_c) = 0.1$，$\Omega = 0.02$ 以及
(a) $B = 0.47$，(b) $B = 0.51$

2.5.3　时滞摄动参数对振荡衰减速率的影响

从图 2-5(b)、图 2-6(b) 和图 2-7(b) 可以看出，当方程(2-24)的解随时间衰减的时候，其衰减速率依赖于时滞的摄动参数，即，$\tau_s - \tau_c$ 和 B。在这一小节中，我们将研究对不同的 $\tau_s - \tau_c$ 和 B 来研究其对方程(2-24)振荡包络线的影响。由方程(2-31)和方程(2-32)，我们有

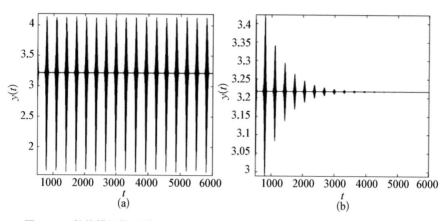

图 2-7　数值模拟得到的时间历程图,其中,$(\tau_s - \tau_c) = 0.15$, $\Omega = 0.02$ 以及
(a) $B = 0.575$, (b) $B = 0.625$

$$R(t) = \frac{1}{\sqrt{\tilde{C}e^{-2g_0 t}G(t) + H(t)}}, \qquad (2-33)$$

式中,g_0 是 $\tau_s - \tau_c$ 和 B 的函数,具体表达式由等式(2-28)给出。如前所述,当 $g_0 < 0$ 时方程(2-33)呈现衰减运动,衰减的速率由 g_0 给出。因此,对于 $\tilde{C} > 0$,g_0 可以用来估计振幅衰减的指数速率,如图 2-8 所示,其中,我们令 $\Omega = 0.05$。

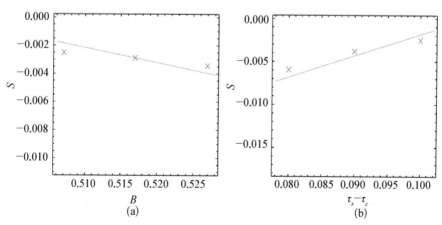

图 2-8　振荡衰减的指数速率(用 S 表示)的比较,其中,(a) $(\tau_s - \tau_c) = 0.1$,
(b) $B = 0.507$。实线表示理论结果,"×"为数值模拟结果

当 B 和 $(\tau_s - \tau_c)$ 均为小量时,不难证明

$$\frac{\mathrm{d}g_0}{\mathrm{d}B} = -0.205\,538B - 0.141\,833B^3 + 0.142\,461B\Omega^2$$

$$+ 0.433\,175B(\tau_s - \tau_c) - 0.567\,331B(\tau_s - \tau_c)^2 < 0,$$

$$(2-34)$$

以及

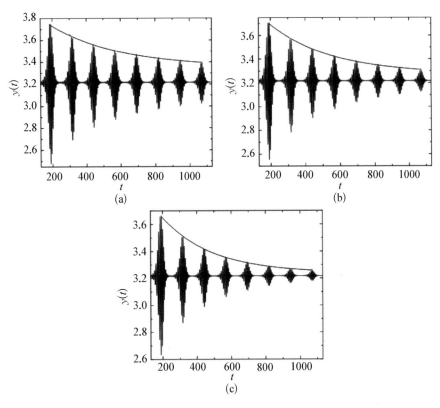

图 2-9 方程(2-24)的解的时间历程图及对其在每个周期内或每一簇中振幅极大值的拟合曲线,其中,$(\tau_s - \tau_c) = 0.1$ 以及(a) $B = 0.507$,(b) $B = 0.517$,(c) $B = 0.527$,拟合曲线的近似表达式为(a) $3.35 + 0.615\,4\mathrm{e}^{-t/406.134}$,(b) $3.275 + 0.728\,5\mathrm{e}^{-t/356.242}$,(c) $3.236\,5 + 0.813\,3\mathrm{e}^{-t/294.74}$

$$\frac{\mathrm{d}g_0}{\mathrm{d}(\tau_s - \tau_c)} = 0.239\,655 + 0.216\,587B^2 - 0.411\,1(\tau_s - \tau_c)$$

$$+ 0.433\,175(\tau_s - \tau_c)^2 - 0.567\,331B^2(\tau_s - \tau_c)$$

$$- 0.378\,221(\tau_s - \tau_c)^3 > 0. \tag{2-35}$$

由方程(2 - 34)和方程(2 - 35)我们可以得知，g_0 随 B 的增加而减小，随$(\tau_s - \tau_c)$的增加而增加。数值模拟的结果验证了这个结论,如图 2 - 9 和图 2 - 10 所示。

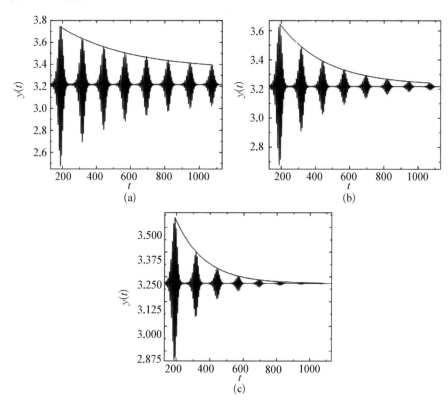

图 2 - 10　方程(2 - 24)的解的时间历程图及对其在每个周期内或每一簇中振幅极大值的拟合曲线,其中，$B = 0.507$ 以及(a) $(\tau_s - \tau_c)$ $= 0.1$, (b) $(\tau_s - \tau_c) = 0.09$, (c) $(\tau_s - \tau_c) = 0.08$, 拟合曲线的近似表达式为 (a) $3.35 + 0.615\,4e^{-t/406.134}$, (b) $3.225\,8 + 0.847\,5e^{-t/271.115\,8}$, (c) $3.217\,4 + 1.008\,9e^{-t/171.062\,5}$

2.6　结　论

在这一章中,我们研究了一种形式比较简单且不含队列控制的因特网拥塞控制模型的稳定性及分岔。在明确了由 Hopf 分岔所引起的振荡容易增加网络出现拥塞的风险或使得已经出现的拥塞进一步加剧以后,我们便需要知道是哪些因素可能会引起振荡,又需要采取哪些手段来抑制振荡。一方面,通常人们认为在因特网拥塞控制问题中时滞所起到的作用往往是负面的。为了了解时滞如何引起振荡以及某个确定的时滞会引起多大的振荡,我们首先采用特征值分析的方法来研究系统平衡点的稳定性,进而采用多尺度方法来获得时滞与其通过 Hopf 分岔所引起的周期振荡的定量关系。另一方面,通过本研究,我们发现也可以利用时滞来对已经出现的振荡进行抑制,即对时滞施加周期摄动。依然利用多尺度方法,我们可以求出当摄动的幅度需要多大时便可以将系统的振荡有效地控制住。和数值结果的比较表明,我们不仅可以比较准确地预计摄动参数的临界值,还可以估计出当抑制措施有效的时候振荡将以多快的速率衰减。

对于网络系统而言,用户端所看到的数据发送速率常常是振荡的,这将有损用户的利益并不利于提升网络性能,因此,研究有效的振荡抑制的方法是十分必要的。本章所提出的振荡抑制的方法从理论上来说是有效的,但是还需要解决一个问题,那就是这种理论上可行的控制策略在实际问题中是否能够实现。如前所述,时滞或回环时间,是由传输延迟和处理延迟两部分构成的,其中,处理延迟是在链路或路由器的缓存中等待被转送时产生的。由于当路由确定的时候,传输延迟是不可改变的,因此,变时滞的实现需要通过链路或路由器来实现,换言之,需要内置算法强制改变数据包在队列中的位置。可以设想,对于局域网(Local Area Network,

LAN),这种控制方法相对容易实现,这是因为局域网的传输延迟往往很小而处理延迟有时会很大,因此,对处理延迟作用一个不大的周期摄动是有可能使得整个延迟发生可观的变化进而对系统起到镇定的作用的。

第3章

基于变时滞的 n 维拥塞控制模型的振荡抑制

3.1 引 言

在第 2 章中,我们讨论了 Kelly 型拥塞控制系统的稳定性,时滞通过 Hopf 分岔所引起的振荡以及利用时滞对这种振荡进行抑制的方法。然而,注意到第 2 章中的研究是针对一个一维的模型,也就是单用户、单链路的情形,那么我们要问:利用周期时滞来抑制拥塞控制系统振荡的方法对于多个用户的情形是否也有效呢? 为了回答这一问题,我们将以第 2 章中的研究方法为基础,对高维的 Kelly 型模型展开研究。

回忆在第 2 章中提到的 Kelly 提出的单用户、单链路情形下简化的因特网拥塞控制模型

$$\frac{\mathrm{d}y(t)}{\mathrm{d}t} = k(w - y(t-\tau)p(y(t-\tau)))$$

式中, y, k, w 和 τ 的含义参见第 2 章。在本章中,我们研究方程(2-1)的一种高维情形下的推广,即 n 个用户共用一条链路的情况。假设对所有的用户函数 p 和回环时间或时滞都相同,由于用户共享一条链路,因此,这个假设是合理的。此时,Kelly 型模型可以写为

$$\dot{y}_i(t) = k_i(w_i - y_i(t-\tau)p(y_1(t-\tau), \cdots, y_n(t-\tau))), \quad (3-1)$$

式中，$i = 1, 2, \cdots, n$。回忆对于一维模型，$p(x) = \dfrac{\theta\sigma^2 x}{\theta\sigma^2 x + 2(c-x)}$，然而，对于多个用户的情形，$p$ 是否依然应该采用这个表达式则并不是显而易见的。为此，我们在本章的附录中推导了多用户情形下 p 的表达式。经过分析，函数 p 可以表示为

$$p(y_1, y_2, \cdots, y_n) = \frac{\theta\sigma^2 \sum\limits_{j=1}^{n} y_j}{2\left(c - \sum\limits_{j=1}^{n} y_j\right) + \theta\sigma^2 \sum\limits_{j=1}^{n} y_j}$$

参见附录中的式(3-34)。

　　在本章中，我们继续关注时滞的作用。在第 1 章中，我们已经看到了时滞是可以引起系统平衡点失稳从而导致周期振荡的出现。同时，对时滞进行周期摄动，当摄动幅值达到一定程度时系统的振荡会受到抑制。我们想知道，这些结论对于上面提到的高维拥塞控制模型是否依然有效？也就是，① 在高维的拥塞控制系统中时滞是否可以像在低维系统中那样通过 Hopf 分岔引起振荡，如果是，又应当如何分析(注意：高维系统的特征值分析往往是困难的，特别是对于含时滞的系统)；② 是否能够利用周期时滞对高维的拥塞控制模型中的振荡进行抑制，如果可以，能否像对低维系统的处理那样给出一个理论上的预计值。这两个问题构成了本章研究的动机。为了回答第一个问题，我们分析了方程(3-1)在其正平衡点附近的线性化系统的特征方程，利用 Hopf 分岔和时滞微分方程稳定性的有关理论确定了发生 Hopf 分岔时时滞的临界值。一般来说，对于 n 维含时滞的微分方程进行这样的分析是困难的。然而，通过一些变换并注意到方程(3-1)的形式的特殊性，我们可以成功地求出分岔时参数的临界值以及在此临界值处系统的频率。进一步的，我们利用多尺度方法来研究分岔后出现的周期

解与参数值的关系。为了回答第二个问题,我们对系统的时滞施加周期摄动并研究系统此时的动力学行为是否会出现定性的改变。在假设对时滞所施加的摄动是小幅度和低频率摄动之后,依然可利用多尺度方法求出此时系统的振幅-频率方程。通过研究这个含有时变系数的微分方程,我们发现上一章中发现的周期时滞可以导致振荡衰减的现象,在高维的系统中依然可能出现。通过求解振幅-频率方程,可以从理论上预计使得振荡衰减的时滞摄动参数的临界值。数值结果表明,本章的理论分析的精度是比较令人满意的。特别是,通过计算我们发现存在这样一种可能,即在一个多用户的拥塞控制系统中,只对其中一个用户的时滞进行摄动便可以将整个系统的振荡有效的抑制下来。理论分析和数值模拟都支持这个结论。这意味着,我们可以基于周期时滞减振的分析来设计专用的振荡控制器并让该控制器耦合进网络系统,只要时滞摄动参数特别是摄动幅值设计合理,便可以有效地抑制振荡。

3.2　平衡点及其稳定性

很容易证明方程(3-1)只有一个正的平衡点,即 $\boldsymbol{Y}^* = \{y_1^*, y_2^*, \cdots, y_n^*\}^T$。将方程(3-1)在 $\boldsymbol{Y}^*$ 处线性化,并令 $\boldsymbol{X} = \boldsymbol{Y} - \boldsymbol{Y}^*$,其中,$\boldsymbol{X} = \{x_1, x_2, \cdots, x_n\}^T$ 以及 $\boldsymbol{Y} = \{y_1, y_2, \cdots, y_n\}^T$,则我们得到了一个关于变量 $\boldsymbol{X}$ 的时滞微分方程:

$$\dot{\boldsymbol{X}}(t) = \boldsymbol{F}(\boldsymbol{X}(t-\tau)). \tag{3-2}$$

将 $\boldsymbol{F}(\boldsymbol{X})$ 的雅可比矩阵表示为 $\boldsymbol{J}$。令 $\boldsymbol{E} = \lambda \boldsymbol{I} - \boldsymbol{J} e^{-\lambda \tau}$。通过简单的计算,可以确定 $\boldsymbol{E}$ 具有如下形式:

$$\begin{pmatrix} a_{1,1}\mathrm{e}^{-\lambda\tau}+\lambda & a_{1,2}\mathrm{e}^{-\lambda\tau} & \cdots & a_{1,3}\mathrm{e}^{-\lambda\tau} \\ a_{2,1}\mathrm{e}^{-\lambda\tau} & a_{2,2}\mathrm{e}^{-\lambda\tau}+\lambda & \cdots & a_{2,3}\mathrm{e}^{-\lambda\tau} \\ \vdots & \vdots & \ddots & \vdots \\ a_{n,1}\mathrm{e}^{-\lambda\tau} & a_{n,2}\mathrm{e}^{-\lambda\tau} & \cdots & a_{n,n}\mathrm{e}^{-\lambda\tau}+\lambda \end{pmatrix},$$

式中，$a_{i,j}=a_{i,k}$，$1\leqslant j\leqslant n$，$1\leqslant k\leqslant n$，$j\neq i$，$k\neq i$ 以及 $i=1,2,\cdots,$ n。注意到，对于系统(3-1)及(3-34)，可以验证 $a_{i,j}>0$，$i=1,2,\cdots,n$，$j=1,2,\cdots,n$。令 $a_{i,j}=a_i$，其中 $1\leqslant j\leqslant n$，$j\neq i$。则，当 $|\boldsymbol{E}|$ 为零时，我们得到下面的方程：

$$\mathrm{e}^{-n\lambda\tau}\begin{vmatrix} a_{1,1}+\lambda\,\mathrm{e}^{\lambda\tau} & a_1 & \cdots & a_1 \\ a_2 & a_{2,2}+\lambda\,\mathrm{e}^{\lambda\tau} & \cdots & a_2 \\ \vdots & \vdots & \ddots & \vdots \\ a_n & a_n & \cdots & a_{n,n}+\lambda\,\mathrm{e}^{\lambda\tau} \end{vmatrix}=0, \quad (3-3)$$

或等价地

$$\begin{vmatrix} a_{1,1}+\lambda\,\mathrm{e}^{\lambda\tau} & a_1 & \cdots & a_1 \\ a_2 & a_{2,2}+\lambda\,\mathrm{e}^{\lambda\tau} & \cdots & a_2 \\ \vdots & \vdots & \ddots & \vdots \\ a_n & a_n & \cdots & a_{n,n}+\lambda\,\mathrm{e}^{\lambda\tau} \end{vmatrix}=0. \quad (3-4)$$

令 $\rho=\lambda\,\mathrm{e}^{\lambda\tau}$。方程(3-4)可以写为

$$\begin{vmatrix} \dfrac{a_{1,1}}{a_1}+\dfrac{1}{a_1}\rho & 1 & \cdots & 1 \\ 1 & \dfrac{a_{2,2}}{a_2}+\dfrac{1}{a_2}\rho & \cdots & 1 \\ \vdots & \vdots & \ddots & \vdots \\ 1 & 1 & \cdots & \dfrac{a_{n,n}}{a_n}+\dfrac{1}{a_n}\rho \end{vmatrix}=0, \quad (3-5)$$

则,我们有下面的引理。

引理 3.1 令

$$
\boldsymbol{T} = \begin{pmatrix} \chi_1(\rho) & 1 & \cdots & 1 \\ 1 & \chi_2(\rho) & \cdots & 1 \\ \vdots & \vdots & \ddots & \vdots \\ 1 & 1 & \cdots & \chi_n(\rho) \end{pmatrix}, \tag{3-6}
$$

式中,$\chi_i(\rho) = \dfrac{a_{i,i}}{a_i} + \dfrac{1}{a_i}\rho$,$i = 1, 2, \cdots, n$。如果对于 $i = 1, 2, \cdots, n$,$\chi_i(\rho)$ 的零点互不相同,则 $|\boldsymbol{T}| = 0$ 的所有根均为实根。

证明: 首先,根据方程(3-6),我们可以证明

$$
\begin{aligned}
|\boldsymbol{T}| = {} & (\chi_1(\rho)-1)(\chi_2(\rho)-1)\cdots(\chi_n(\rho)-1) + (\chi_2(\rho)-1) \\
& (\chi_3(\rho)-1)\cdots(\chi_n(\rho)-1) + (\chi_1(\rho)-1)(\chi_3(\rho)-1)\cdots \\
& (\chi_n(\rho)-1) + \cdots + (\chi_1(\rho)-1)(\chi_2(\rho)-1)\cdots(\chi_{n-1}(\rho)-1).
\end{aligned}
$$

$$\tag{3-7}$$

令 ρ_i 为 $\chi_i(\rho)$ 的零点,即 $\chi_i(\rho_i) = 0$,$i = 1, 2, \cdots, n$。不失一般性,假设 $\rho_1 < \rho_2 < \cdots < \rho_n$。对于我们所研究的由方程(3-1)和方程(3-34)所刻画的系统,可以验证每个 ρ_i 均为负。令 $|\boldsymbol{T}| = \eta(\rho)$,其中,$\eta(\rho)$ 是 ρ 的 n 次多项式。不难证明对于 $i = 1, 2, \cdots, n-1$,$\chi_i(\rho_n) > 0$。因此,我们有 $\eta(\rho_n) > 0$。同样,我们也可以证明 $\eta(\rho_{n-1}) < 0$,$\eta(\rho_{n-2}) > 0$,$\cdots$。进一步,从方程(3-7)中可以看出,当 $\rho \rightarrow -\infty$ 时,$\eta(\rho)$ 的符号与 $(\chi_1(\rho)-1)(\chi_2(\rho)-1)\cdots(\chi_n(\rho)-1)$ 的符号相同(其中每个 $\chi_i(\rho)-1$ 都为负)。换言之,对某个 ρ_0,其中,$\rho_0 < \rho_1 < 0$,我们则有

$$
(\chi_1(\rho_0)-1) < 0,\ (\chi_2(\rho_0)-1) < 0,\ \cdots,\ (\chi_n(\rho_0)-1) < 0.
$$

将上式与下式进行比较：

$$\eta(\rho_1) = (\chi_2(\rho_1) - 1) \cdots (\chi_n(\rho_1) - 1)$$

其中，每个 $\chi_2(\rho_1) - 1$ $(i = 2, 3, \cdots, n)$ 也是负的，我们可以得出 $\eta(\rho_0)$ $\eta(\rho_1) < 0$。于是对于任意的 $i = 0, 1, \cdots, n-1$，我们都有 $\eta(\rho_i)\eta(\rho_{i+1}) < 0$。这表明方程(3-6)在负半轴上存在着 n 个不同的零点。证毕。

现在假定引理 3.1 中的假设是满足的。于是方程(3-5)存在 n 个不同的实根，我们用 $\gamma_1, \gamma_2, \cdots, \gamma_n$ 来表示。为了确定在发生 Hopf 分岔时的临界时滞，我们需要下面的定理。

引理 3.2　令 $\omega = \max|\gamma_i|$，式中 $i = 1, 2, \cdots, n$。则 $\tau_c = \pi/2\omega$，其中，τ_c 表示发生 Hopf 分岔时的临界时滞。

证明：将方程(3-5)重写为

$$(\lambda e^{\lambda\tau} - \gamma_1)(\lambda e^{\lambda\tau} - \gamma_2) \cdots (\lambda e^{\lambda\tau} - \gamma_n) = 0 \qquad (3-8)$$

令 $\lambda e^{\lambda\tau} - \gamma_1, \lambda e^{\lambda\tau} - \gamma_2, \cdots, \lambda e^{\lambda\tau} - \gamma_n$ 分别等于零并代入 $\lambda = \widetilde{\omega}\mathrm{i}$，我们可以得知在 $(\widetilde{\omega}_1, \tau_1), (\widetilde{\omega}_2, \tau_2), \cdots, (\widetilde{\omega}_n, \tau_n)$ 这些点处，方程(3-8)成立，其中，$\widetilde{\omega}_i = |\gamma_i|$ 以及 $\tau_i = \pi/2|\gamma_i|$，$i = 1, 2, \cdots, n$。不失一般性，我们假设 $|\gamma_1| = \max|\gamma_i|$，则根据我们的定义 $\omega = |\gamma_1|$。对方程(3-8)的两端同时关于 τ 求导，得到

$$\frac{\mathrm{d}\lambda e^{\lambda\tau}}{\mathrm{d}\tau}(\lambda e^{\lambda\tau} - \gamma_2)(\lambda e^{\lambda\tau} - \gamma_3) \cdots (\lambda e^{\lambda\tau} - \gamma_n)$$

$$+ \frac{\mathrm{d}\lambda e^{\lambda\tau}}{\mathrm{d}\tau}(\lambda e^{\lambda\tau} - \gamma_1)(\lambda e^{\lambda\tau} - \gamma_3) \cdots (\lambda e^{\lambda\tau} - \gamma_n) \qquad (3-9)$$

$$+ \cdots$$

$$+ \frac{\mathrm{d}\lambda e^{\lambda\tau}}{\mathrm{d}\tau}(\lambda e^{\lambda\tau} - \gamma_1)(\lambda e^{\lambda\tau} - \gamma_2) \cdots (\lambda e^{\lambda\tau} - \gamma_{n-1}) = 0$$

因为当 $\tau = \tau_1$，$\lambda = \omega i$ 的时候，可以证明 $\lambda e^{\lambda\tau} - \gamma_1 = 0$ 并且对于 $i \neq 1$，$\lambda e^{\lambda\tau} - \gamma_i \neq 0$，因此，方程(3-9)可以化简为

$$\frac{\mathrm{d}\lambda e^{\lambda\tau}}{\mathrm{d}\tau}\bigg|_{\tau=\tau_1,\ \lambda=\omega i} = 0 \qquad (3-10)$$

将 $\lambda = \mu \pm \nu i$ 代入等式(3-10)，并注意到在 $\tau = \tau_1$，如果 Hopf 分岔发生，则必然有 $\mu = 0$ 和 $\nu = \omega$，因此得到

$$\mathrm{Re}\left(\frac{\mathrm{d}\lambda}{\mathrm{d}\tau}\right)\bigg|_{\tau=\tau_1,\ \lambda=\omega i} = \frac{\mathrm{d}\mu}{\mathrm{d}\tau}\bigg|_{\tau=\tau_1,\ \lambda=\omega i} = \frac{\omega^2}{1+(\pi/2)^2} > 0 \qquad (3-11)$$

根据时滞微分方程的理论，我们知道由于本章所研究的系统的平衡点在零时滞的情况下是稳定的，因此，对于 $\tau < \tau_1$，平衡点的稳定性并不发生变化。结合方程(3-11)及后面的非线性分析，我们便可以判断 $\tau = \tau_1$ 时系统将经历一次 Hopf 分岔。同时，注意到对于 $\tau = \tau_i$，其中，$i \neq 1$，平衡点不稳定而方程(3-11)依然成立，我们便可以断言随着时滞的增加，只会有越来越多的特征值的实部从负值变为正值，而 Hopf 分岔不再出现。综上，我们得到

$$\tau_c = \tau_1 = \frac{\pi}{2\mid\gamma_1\mid} = \frac{\pi}{2\max\mid\gamma_i\mid} = \frac{\pi}{2\omega}. \qquad (3-12)$$

证毕。

3.3　高维时滞微分系统的多尺度方法

在这一节中，我们将简单地介绍一下对于任意维数的时滞微分系统，例如式(3-1)，如何使用多尺度方法进行摄动和分岔分析。所介绍的方法

主要是受到文献 [122] 和文献 [138] 中工作的启发。

　　为了研究 Hopf 分岔，首先我们在临界值附近对时滞进行摄动，即，令 $\tau = \tau_c + \varepsilon\tau_\varepsilon$，其中，$\varepsilon$ 是一个小量。利用经典多尺度方法对时间和空间变量同时进行尺度分离的思想，我们假设，在 Hopf 分岔点的附近方程(3-1)的解可以写成如下形式：

$$\boldsymbol{X}(t) = \boldsymbol{X}(T_0, T_1, T_2, \cdots) = \sum_{i=1} \varepsilon^i \boldsymbol{X}_i(T_0, T_1, T_2, \cdots),$$

$$(3-13)$$

式中，$\boldsymbol{X}_i = \{X_{i,1}, X_{i,2}, \cdots, X_{i,n}\}^{\mathrm{T}}$，$i = 1, 2, \cdots$ 以及 $T_j = \varepsilon^j t$，$j = 1, 2, \cdots$。将方程(3-13)代入(3-2)，并将 $x_{i,j}(T_0 - \tau_c - \varepsilon\tau_\varepsilon, T_1 - \varepsilon(\tau_c + \varepsilon\tau_\varepsilon), \cdots)$ 在 $(T_0 - \tau_c, T_1, \cdots)$ 处做多重 Taylor 展开，即

$$x_{i,j}(T_0 - \tau_c - \varepsilon\tau_\varepsilon, T_1 - \varepsilon(\tau_c + \varepsilon\tau_\varepsilon), \cdots)$$
$$= x_{i,j}(T_0 - \tau_c, T_1, \cdots) - \varepsilon\tau_\varepsilon x_{i,j}^{(1,0,\cdots)}(T_0 - \tau_c, T_1, \cdots)$$
$$- \varepsilon(\tau_c + \varepsilon\tau_\varepsilon) x_{i,j}^{(0,1,\cdots)}(T_0 - \tau_c, T_1, \cdots) - \cdots$$

其中，上式表示对相应的变量进行求导。首先考虑 ε 的最低阶，我们得到

$$D_0\boldsymbol{X}_1(T_0, T_1, T_2, \cdots) + \boldsymbol{J} \cdot \boldsymbol{X}_1(T_0 - \tau_c, T_1, T_2, \cdots) = \boldsymbol{0}$$

$$(3-14)$$

　　在前面所确定的线性系统的特征值将保证上述方程非平凡稳态解的存在。事实上，方程(3-14)的稳态解可以设为如下形式：

$$\boldsymbol{X}_1(T_0, T_1, T_2, \cdots) = \boldsymbol{A}_1(T_1, T_2, \cdots)\sin(\omega T_0)$$
$$+ \boldsymbol{B}_1(T_1, T_2, \cdots)\cos(\omega T_0), \quad (3-15)$$

式中，$\boldsymbol{A}_1 = \{A_{1,1}, A_{1,2}, \cdots, A_{1,n}\}^{\mathrm{T}}$，$\boldsymbol{B}_1 = \{B_{1,1}, B_{1,2}, \cdots, B_{1,n}\}^{\mathrm{T}}$。

　　将方程(3-15)代入方程(3-14)中，我们得到

$$\omega \boldsymbol{A}_1(T_1, T_2, \cdots)\cos(\omega T_0) - \omega \boldsymbol{B}_1(T_1, T_2, \cdots)\sin(\omega T_0)$$
$$+ \boldsymbol{J} \cdot \boldsymbol{A}_1(T_1, T_2, \cdots)\sin(\omega T_0 - \omega \tau_c)$$
$$+ \boldsymbol{J} \cdot \boldsymbol{B}_1(T_1, T_2, \cdots)\cos(\omega T_0 - \omega \tau_c) = 0$$

并进一步有 $\boldsymbol{M}_1\boldsymbol{A}_1 = 0$，$\boldsymbol{N}_1\boldsymbol{B}_1 = 0$，其中，$\boldsymbol{M}_1$ 和 $\boldsymbol{N}_1$ 均为 $n \times n$ 矩阵。不难验证，$\boldsymbol{M}_1 = \boldsymbol{E}$ 以及 $\boldsymbol{N}_1 = \boldsymbol{E}$，其中，$\boldsymbol{E}$ 在 $\tau = \tau_c$ 处取值，其含义参见 3.2 节。则利用 3.2 节中的结果，我们可以得到下述线性方程组：

$$A_{1,i} = \alpha_{1,i}(A_{1,1}, B_{1,1}), B_{1,i} = \beta_{1,i}(A_{1,1}, B_{1,1}), i = 2, 3, \cdots, n. \tag{3-16}$$

将 $\mathrm{d}/\mathrm{d}T_i$ 表示为 D_i，其中，$i = 0, 1, \cdots$。从方程(3-16)中，我们得到

$$D_1A_{1,i} = \alpha_{1,i}(D_1A_{1,1}, D_1B_{1,1}), \tag{3-17}$$
$$D_1B_{1,i} = \beta_{1,i}(D_1A_{1,1}, D_1B_{1,1}), i = 2, 3, \cdots, n.$$

在 ε^2 量级上，可以得到下面的方程：

$$D_0\boldsymbol{X}_2(T_0, T_1, T_2, \cdots) + \boldsymbol{J} \cdot \boldsymbol{X}_2(T_0 - \tau_c, T_1, T_2, \cdots)$$
$$+ \boldsymbol{F} + \sin(\omega T_0)\boldsymbol{P}_{21} + \cos(\omega T_0)\boldsymbol{Q}_{21} \tag{3-18}$$
$$+ \sin(2\omega T_0)\boldsymbol{P}_{22} + \cos(2\omega T_0)\boldsymbol{Q}_{22} = 0,$$

式中 $\boldsymbol{X}_2 = \{X_{2,1}, X_{2,2}, \cdots, X_{2,n}\}^{\mathrm{T}}$。注意，与第 2 章类似，$\boldsymbol{F}$ 的出现是方程(3-1)中平方非线性的结果。由于 $\sin(\omega T_0)\boldsymbol{P}_{21}$ 和 $\cos(\omega T_0)\boldsymbol{Q}_{21}$ 的存在会使得方程的解出现长期项，因此，为了能够得到有实际意义的解，我们令

$$\boldsymbol{P}_{21} = 0, \boldsymbol{Q}_{21} = 0, \tag{3-19}$$

方程(3-19)通常被称为可解性条件。对于高维系统，一般需要利用 Fredholm 择一性原理对可解性条件做进一步处理。在本章中，我们将采用另外的方式来从可解性条件中得到方程的解需要满足的条件。

要注意对于一个 n 维系统,方程(3-19)中实际上含有 $2n$ 个方程。然而,根据(3-16),不难看出独立的变量只有两个,即 $A_{1,1}$ 和 $B_{1,1}$。换言之,此时未知量的个数远少于方程的个数。因此,为了利用可解性条件来求解,我们需要考虑特解(particular solutions)[138]。基于此,我们假设

$$
\begin{aligned}
\boldsymbol{X}_2(T_0, T_1, T_2, \cdots) = {} & \boldsymbol{A}_2(T_1, T_2, \cdots)\sin(\omega T_0) + \boldsymbol{B}_2(T_1, T_2, \cdots) \\
& \cos(\omega T_0) + \boldsymbol{C}(T_1, T_2, \cdots)\sin(2\omega T_0) \\
& + \boldsymbol{D}(T_1, T_2, \cdots)\cos(2\omega T_0) \\
& + \boldsymbol{NH}(T_1, T_2, \cdots),
\end{aligned} \tag{3-20}
$$

式中

$$
\begin{aligned}
\boldsymbol{A}_2 &= \{A_{2,1}, A_{2,2}, \cdots, A_{2,n}\}^{\mathrm{T}}, \\
\boldsymbol{B}_2 &= \{B_{2,1}, B_{2,2}, \cdots, B_{2,n}\}^{\mathrm{T}}, \\
\boldsymbol{C}_2 &= \{C_{2,1}, C_{2,2}, \cdots, C_{2,n}\}^{\mathrm{T}}, \\
\boldsymbol{D}_2 &= \{D_{2,1}, D_{2,2}, \cdots, D_{2,n}\}^{\mathrm{T}}, \\
\boldsymbol{NH} &= \{NH_1, NH_2, \cdots, NH_n\}^{\mathrm{T}}.
\end{aligned}
$$

$\boldsymbol{NH}$ 的出现与 $\boldsymbol{F}$ 一样,是方程(3-1)中平方非线性因素作用的结果。

将方程(3-20)代入方程(3-18)并令一阶谐波项的系数为零,我们得到下面的关于 $\boldsymbol{A}_2$ 和 $\boldsymbol{B}_2$ 的非齐次线性方程:

$$
\boldsymbol{M}_2\boldsymbol{A}_2 = \boldsymbol{u}(\boldsymbol{A}_1, \boldsymbol{B}_1, D_1\boldsymbol{A}_1, D_1\boldsymbol{B}_1), \quad \boldsymbol{N}_2\boldsymbol{B}_2 = \boldsymbol{v}(\boldsymbol{A}_1, \boldsymbol{B}_1, D_1\boldsymbol{A}_1, D_1\boldsymbol{B}_1).
$$
$$\tag{3-21}$$

与 $o(\varepsilon)$ 的情况类似,可以验证 $\boldsymbol{M}_2$ 和 $\boldsymbol{N}_2$ 与 $\boldsymbol{E}$ 是相同的,因此均是秩为 $n-1$ 的奇异矩阵。

根据线性代数理论,不难证明方程(3-21)存在非平凡解的充分必要条

件是 $\boldsymbol{u}$、$\boldsymbol{v}$ 可以由 $\boldsymbol{M}_2$ 和 $\boldsymbol{N}_2$ 的列向量线性表出,而这一条件与下式等价:

$$\prod_{i=1}^{n} \mid \boldsymbol{M}_2^{\boldsymbol{u}_i} \mid = 0, \quad \prod_{i=1}^{n} \mid \boldsymbol{N}_2^{\boldsymbol{v}_i} \mid = 0, \tag{3-22}$$

式中 $\boldsymbol{M}_2^{\boldsymbol{u}_i}$ 和 $\boldsymbol{N}_2^{\boldsymbol{v}_i}$ 是分别用 $\boldsymbol{u}$ 和 $\boldsymbol{v}$ 替换 $\boldsymbol{M}_2$ 和 $\boldsymbol{N}_2$ 的第 i 列所得到的 $n \times n$ 矩阵。利用矩阵初等列变换,$\boldsymbol{M}_2$ 可以变换为如下形式:

$$\begin{pmatrix} m_{1,1} & m_{1,2} & m_{1,3} & \cdots & m_{1,n} \\ m_{2,1} & m_{2,2} & 0 & \cdots & 0 \\ m_{3,1} & 0 & m_{3,3} & \cdots & 0 \\ \vdots & \vdots & \vdots & \ddots & \vdots \\ m_{n,1} & 0 & 0 & \cdots & m_{n,n} \end{pmatrix},$$

式中第一列的所有元素和主对角线上的元素非零。将这个矩阵用 $\overline{M}$ 表示。再次利用线性代数理论,不难证明该矩阵的任意 $n-1$ 列(也就是 $\boldsymbol{M}_2$ 的任意 $n-1$ 列)构成一个极大无关组。对于 $\boldsymbol{N}_2$ 我们也有类似的结论。因此,方程(3-22)与下式等价:

$$\mid \boldsymbol{M}_2^{\boldsymbol{u}_j} \mid = 0, \quad \mid \boldsymbol{N}_2^{\boldsymbol{v}_j} \mid = 0,$$

式中 j 为 1 到 n 之间的任意整数。在本章中我们取 $j = n$。则通过求解 $\mid \boldsymbol{M}_2^{\boldsymbol{u}_n} \mid = 0$ 和 $\mid \boldsymbol{N}_2^{\boldsymbol{v}_n} \mid = 0$,我们可以将 $D_1 A_{1,1}$ 和 $D_1 B_{1,1}$ 表示为 $A_{1,1}$ 和 $B_{1,1}$ 的函数。类似地,通过求解 ε 的高阶项的方程,我们也可以将 $D_i A_{1,1}$ 和 $D_i B_{1,1}$,其中,$i \geqslant 2$,表示为 $A_{1,1}$ 和 $B_{1,1}$ 的函数。最后,还原为原始时间尺度,即

$$\begin{cases} \dot{A}_{1,1} = \varepsilon D_1 A_{1,1} + \varepsilon^2 D_2 A_{1,1} + \cdots, \\ \dot{B}_{1,1} = \varepsilon D_1 B_{1,1} + \varepsilon^2 D_2 B_{1,1} + \cdots. \end{cases} \tag{3-23}$$

利用极坐标变换:

$$A_{1,1} = R(t)\cos(\varphi(t)),\ B_{1,1} = R(t)\sin(\varphi(t)),$$

方程(3-23)可以整理为

$$\begin{cases} \dot{R}(t) = r_1(\varepsilon, \tau_\varepsilon)R(t) + r_3(\varepsilon, \tau_\varepsilon)R(t)^3 + \cdots, \\ \dot{\varphi}(t) = f_0(\varepsilon, \tau_\varepsilon) + f_2(\varepsilon, \tau_\varepsilon)R(t)^2 + \cdots. \end{cases}$$

3.4　通过周期摄动时滞进行振荡抑制

根据第 2 章的研究,对于单用户单链路的情形,只要摄动的幅度满足一定要求,周期摄动时滞将可能使系统的振荡衰减。在这一节中,我们将研究把这个控制方法推广到 n 个用户的可能性。于是,含时变时滞的 n 维拥塞控制模型(n 用户,单链路)可以写为

$$\dot{y}_i(t) = k_i(w_i - y_i(t - \tau_i(t))p(y_1(t - \tau_1(t)), \cdots, y_n(t - \tau_n(t)))),$$

$$(3-24)$$

式中

$$\tau_i(t) = \tau_c + \varepsilon\tau_\varepsilon + B_i\sin(\Omega t) = \tau_s + B_i\sin(\Omega t),$$

这里,$i = 1, 2, \cdots, n$,$\tau_s = \tau_c + \varepsilon\tau_\varepsilon$,$B$ 和 Ω 分别表示对时滞摄动的幅度和频率。假设 Ω 是一个小量。如果 B 也是一个小量,则 $B_i\sin(\Omega t)$ 可以看作是对时滞的静态部分,即 τ_s 的小摄动。因此,我们可以利用多尺度方法来研究这个含有变时滞的系统。与 3.3 节中的过程类似,我们可以得到如下振幅-频率方程:

$$\begin{cases} \dot{R}(t) = r_1(t)R(t) + r_3(t)R(t)^3, \\ \dot{\varphi}(t) = f_0(t) + f_2(t)R(t)^2. \end{cases} \quad (3-25)$$

很明显,我们只需要关注方程(3-25)的第一条方程,即

$$\dot{R}(t) = r_1(t)R(t) + r_3(t)R(t)^3. \qquad (3-26)$$

注意方程(3-26)为变系数的微分方程,因此,$R(t)$ 的稳态解是不存在的,换言之此时,方程(3-24)不存在等幅振荡的周期解。然而,如同在第 2 章中已经指出的,方程(3-26)为 Bernoulli 方程,我们可以直接求出它的解,即

$$\varepsilon R(t) = 1 \Big/ \sqrt{R_0 e^{-2\int r_1(t)dt} - 2e^{-2\int r_1(t)dt} \int r_3(t)e^{2\int r_1(t)dt} dt} \qquad (3-27)$$

式中,R_0 为初值。

接下来,我们将从两个不同的角度来解释周期时滞为什么可以使得振荡衰减。

3.4.1　基于方程(3-27)的振荡抑制分析

可以证明,在方程(3-25)中,$r_1(t)$ 可以表示为

$$r_1(t) = g_0 + g_1(t) \qquad (3-28)$$

式中,$g_0 = g_0(\varepsilon\tau_\varepsilon, B_1, \cdots, B_n, \Omega)$,$g_1(t)$ 是以 $\dfrac{2\pi}{\Omega}$ 为周期的周期函数。则,利用方程(3-27)并结合 Fourier 级数展开,我们有

$$\varepsilon R(t) = \frac{1}{\sqrt{R_0 e^{-2g_0 t}G(t) + H(t)}}$$

式中,$G(t)$ 和 $H(t)$ 是以 $\dfrac{2\pi}{\Omega}$ 为周期的周期函数。根据问题的物理意义,我们令 $R_0 > 0$,则明显的,g_0 的符号决定了 $\varepsilon R(t)$ 的长期行为。具体来说,如果 $g_0 \geqslant 0$,则 $\varepsilon R(t)$ 呈现周期运动。如果 $g_0 < 0$,$\varepsilon R(t)$ 将以指数

速率衰减。换言之,如果时滞的摄动参数满足一定的条件使得 g_0 为负值,则方程(3-24)的振荡将得到有效地抑制,因此我们便得到使得振荡能被有效抑制的摄动参数所需要满足的临界条件:$g_0(\varepsilon\tau_\varepsilon, B_1, \cdots, B_n, \Omega) = 0$。

3.4.2　基于快慢变系统理论的振荡抑制分析

通过方程(3-28),方程(3-26)可以写为

$$\begin{cases} \dot{R}(t) = \tilde{r}_1(Y, Z)R(t) + \tilde{r}_3(Y, Z)R(t)^3, \\ \dot{Y}(t) = \Omega Z(t), \\ \dot{Z}(t) = -\Omega Y(t), \end{cases} \quad (3-29)$$

式中,$Y(t) = \sin(\Omega t)$ 以及 $Z(t) = \cos(\Omega t)$。因为 Ω 是小量,方程(3-29)可以被看作是快慢变系统。根据文献[143]中的理论,快变子系统由下述方程定义:

$$\dot{R}(t) = \tilde{\tilde{r}}_1 R(t) + \tilde{\tilde{r}}_3 R(t)^3 \quad (3-30)$$

式中,$\tilde{\tilde{r}}_1 = \tilde{r}_1(0, 0)$,$\tilde{\tilde{r}}_3 = \tilde{r}_3(0, 0)$。不难看出,系统(3-24)中我们所关心的动力学行为,也就是系统的振荡能否保持,主要是由方程(3-29)的快变子系统,也就是方程(3-30)决定的。对于方程(3-30),当下列关系满足的时候,叉形分岔将可能发生:

$$\tilde{\tilde{r}}_1 \Big|_{(\varepsilon\tau_\varepsilon^*, B_1^*, \cdots, B_n^*, \Omega^*)} = 0, \quad \frac{\partial \tilde{\tilde{r}}_1}{\partial l} \Big|_{(\varepsilon\tau_\varepsilon^*, B_1^*, \cdots, B_n^*, \Omega^*)} \neq 0,$$

式中,$l = l(\varepsilon\tau_\varepsilon, B_1, \cdots, B_n, \Omega)$ 表示参数空间中某个方向的方向向量。

例如,如果方程(3-30)的平凡平衡点失稳,我们有 $\tilde{\tilde{r}}_1 > 0$。如果对于 $(\varepsilon\tau_\varepsilon^*, B_1^*, \cdots, B_n^*, \Omega^*)$,下面的关系满足:

$$\left. \widetilde{\widetilde{r}}_1 \right|_{(\varepsilon\tau_\varepsilon^*,\, B_1^*,\, \cdots,\, B_n^*,\, \Omega^*)} = 0, \quad \left. \frac{\partial \widetilde{\widetilde{r}}_1}{\partial l} \right|_{(\varepsilon\tau_\varepsilon^*,\, B_1^*,\, \cdots,\, B_n^*,\, \Omega^*)} < 0,$$

我们可以断言方程(3-30)将会发生(超临界)的叉形分岔。这也意味着对于参数($\varepsilon\tau_\varepsilon^*$，$B_1^*$，$\cdots$，$B_n^*$，$\Omega^*$)，方程(3-24)中的振荡将会衰减。

因此,通过求解 $\widetilde{\widetilde{r}}_1 = 0$,我们实际上得到了摄动参数空间中的一个由参数临界值所构成的边界。并且,不难证明 $\widetilde{\widetilde{r}}_1 = g_0$。换言之,本小节的分析与 3.4.1 节中的分析所得到的结果是完全相同的。

3.5 算 例

为了验证上述理论分析的正确性,我们在本节中利用数值方法对一个算例进行研究,其中参数取值为: $n = 8$, $k_1 = 2$, $k_2 = 2.2$, $k_3 = 1.8$, $k_4 = 2$, $k_5 = 1.2$, $k_6 = 2.6$, $k_7 = 2.2$, $k_8 = 2$, $w_1 = 0.5$, $w_2 = 0.6$, $w_3 = 0.7$, $w_4 = 0.45$, $w_5 = 0.4$, $w_6 = 0.5$, $w_7 = 0.8$, $w_8 = 0.35$, $c = 40/7$。因此, $p(x) = x/(40 - 6x)$。通过方程(3-12),我们可以求出时滞的临界值 $\tau_c = 0.147\,152$ 以及对应该临界值的系统的频率 $\omega = 10.674\,6$。方程(3-1)的正平衡点为

$$\boldsymbol{Y}^* = \{0.639,\, 0.769,\, 0.895,\, 0.575,\, 0.511,\, 0.639,\, 1.023,\, 0.447\}^{\mathrm{T}}.$$

不难看出, $\boldsymbol{Y}^*$ 的所有分量的和小于链路容量 c,说明本算例中参数的取值是合理的。

3.5.1 利用多尺度方法求周期解

根据 3.3 节中的讨论,当研究时滞所引起的 Hopf 分岔时,利用多尺度

方法,我们可以求出如下的振幅-频率方程:

$$
\begin{cases}
\dot{R}(t) = (32.86\varepsilon\tau_\varepsilon - 330.04\varepsilon^2\tau_\varepsilon^2)R(t) - 71.61\varepsilon^2 R(t)^3, \\
\dot{\varphi}(t) = -51.62\varepsilon\tau_\varepsilon + 241.856\varepsilon^2\tau_\varepsilon^2 - 127.36\varepsilon^2 R(t)^2.
\end{cases}
\tag{3-31}
$$

将(3-31)的两端同时乘以 ε 并且令 $\varepsilon\dot{R}(t) = 0$,则我们可以求得 $\varepsilon R(t)$ 的非平凡稳态解,即

$$
\varepsilon R_{st} = 0.118\,17\sqrt{\varepsilon\tau_\varepsilon(32.86 - 330.04\varepsilon\tau_\varepsilon)}
\tag{3-32}
$$

将方程(3-32)代入方程(3-31)的第二个方程并积分,得到

$$
\varphi(t) = \varphi_0 + \varepsilon\tau_\varepsilon(-110.065 + 828.815\varepsilon\tau_\varepsilon)t
$$

式中,φ_0 为初始相位。

则,我们可以得到一个二阶近似解,即

$$
\mathbf{Y}(t) = \mathbf{Y}^* + (\varepsilon R_{st})^2\mathbf{Y}_0 + \varepsilon R_{st}\sin(\mathbf{\Psi}(t))\mathbf{Y}_1 + (\varepsilon R_{st})^2 \\
(\sin(2\mathbf{\Psi}(t))\mathbf{Y}_{21} + \cos(2\mathbf{\Psi}(t))\mathbf{Y}_{22}),
$$

式中,$\mathbf{\Psi}(t) = \omega t + \varphi(t)$,以及

$$
\mathbf{Y}_0 = -\{3.86, 5.28, 4.67, 3.47, 1.49, 5.55, 7.04, 2.7\}^{\mathrm{T}},
$$
$$
\mathbf{Y}_1 = \{1, 1.343, 1.239, 0.9, 0.449, 1.37, 1.79, 0.7\}^{\mathrm{T}},
$$
$$
\mathbf{Y}_{21} = -\{1.55, 2.09, 1.91, 1.39, 0.685, 2.15, 2.78, 1.08\}^{\mathrm{T}},
$$
$$
\mathbf{Y}_{22} = \{0.775, 1.04, 0.96, 0.698, 0.348, 1.065, 1.39, 0.543\}^{\mathrm{T}}.
$$

$\mathbf{Y}_0$ 表示由于平方非线性所引起的偏心。

在图 3-1 和图 3-2 中,我们通过相图与分岔图,对理论解和数值解进行了比较。从图中可以看出,当分岔参数在临界值附近取值时,利用多尺度方法所得到的理论结果的精度是比较理想的。

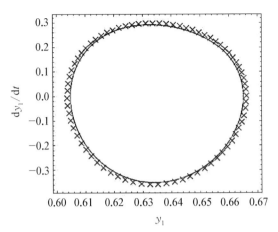

图 3-1 通过相图对理论解和数值解进行的比较,此时,τ 取值为
0.149 152,也就是 $\varepsilon\tau_\varepsilon = 0.002$,实线表示多尺度方法的结
果,"×"为数值模拟的结果

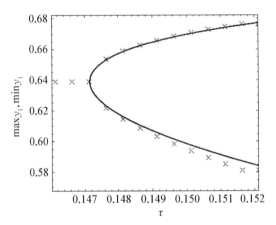

图 3-2 通过分岔图对理论解和数值解进行的比较,其中,实线表示
多尺度方法的结果,"×"为数值模拟的结果

3.5.2 利用周期时滞抑制振荡

在附录 3.2 中我们给出了利用多尺度方法求出的方程(3-25)中的各
项系数。特别是,g_0 的表达式由方程(3-35)给出。在接下来的讨论中,我
们假设 $\tau_s = 0.149\ 152$ 也就是 $\varepsilon\tau_\varepsilon = 0.002$,以及 $\Omega = 0.05$。

首先,我们考虑这样一种情况,即对所有用户的时滞的摄动具有相同

的强度,即

$$B_1 = B_2 = \cdots = B_8 = B_1.$$

则,根据 3.4.1 中的分析,通过求解 $g_0 = 0$,我们能够给出使得振荡衰减的 B_1 的临界值的理论预计,即 $B_{1c} = 0.0198$。数值模拟的结果表明真实的 B_1 的临界值大约是 0.022,如图 3-3 和图 3-4 所示。可以看出,在图 3-3 中,振荡持续而在图 3-4 中振荡衰减。

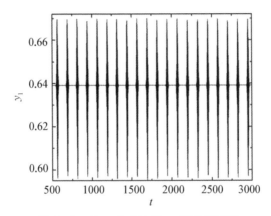

图 3-3　$B_1 = 0.021$ 时 y_1 的时间历程

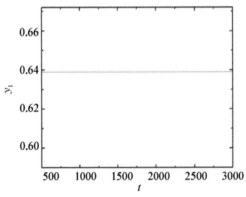

图 3-4　$B_1 = 0.023$ 时 y_1 的时间历程

与此同时,根据 3.4.2 节中的讨论,我们也可以得到一组摄动参数的临界值。可以验证,这组临界值与 3.5.1 节中所得到的参数临界值是完全相同的。这为方程(3-24)的振荡的可抑制性提供了另外一种解释。将方程(3-29)第一行的两端同时乘以 ε 并且令 $\varepsilon\dot{R}(t)$，Y 和 Z 均为零，得到

$$-71.613\,(\varepsilon R(t))^3 - 165.02\varepsilon R(t)B_1^2 + 32.863\varepsilon R(t)\varepsilon\tau_\varepsilon \tag{3-33}$$
$$-330.038\varepsilon R(t)\,(\varepsilon\tau_\varepsilon)^2 = 0$$

从方程(3-33)中，我们可以解出 $\varepsilon R(t)$ 并将其表示为 B_1 和 $\varepsilon\tau_\varepsilon$ 的函数，如图3-5所示，其中沿虚线箭头方向发生的是方程(3-1)的超临界的 Hopf 分岔，而沿实线箭头方向发生的是方程(3-30)的超临界叉形分岔(但方向与方程(3-1)的 Hopf 分岔相反)。图3-5所示的这些稳定性切换可以帮助我们更好地理解振荡出现与抑制的机制。

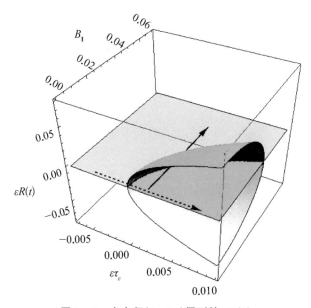

图 3-5　由方程(3-33)得到的 $\varepsilon R(t)$

进一步地，我们指出为了抑制系统的振荡，实际上并不需要对所有用户的时滞都进行摄动。对于真实的网络系统而言，我们可以设计一个基于变时滞反馈控制原理的振荡控制器，将实现周期时滞的算法嵌入到该控制器和路由器中。然后，我们将这个控制器连入网络，使其与其他 $n-1$ 个用

户共用一条链路。如果链路中出现了振荡,则只令控制器的时滞周期的变化。例如,对于本章中所考虑的 8 维算例,我们可以令

$$B_1 = B_{\mathrm{II}}, \; B_2 = B_3 = \cdots = B_8 = 0.$$

然后求解 $g_0(0.002, B_{\mathrm{II}}, \underbrace{0, \cdots, 0}_{七个零}, 0.05) = 0$,我们得到 $B_{\mathrm{II}c} = 0.056$。数值模拟表明 B_{II} 的临界值大约是 0.066,如图 3-6 和图 3-7 所示。因此,我们的理论预计定性上是正确的。这个例子也说明通过周期摄动一个用户的时滞来实现全网络的振荡抑制是可行的。

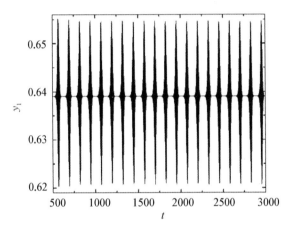

图 3-6　$B_{\mathrm{II}} = 0.065$ 时 y_1 的时间历程

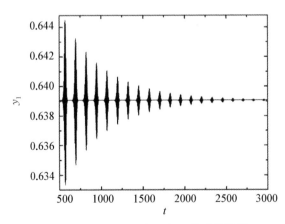

图 3-7　$B_{\mathrm{II}} = 0.067$ 时 y_1 的时间历程

3.6 结 论

在本章中,我们考虑了一个 n 维的因特网拥塞控制模型来研究时滞对系统动力学行为的影响。通过线性分析和 Hopf 分岔分析,我们发现,时滞可以通过 Hopf 分岔引起系统振荡并确定了当系统开始振荡时时滞的临界值。基于这些分析,我们采用多尺度方法来求解分岔周期解。作为一个算例,我们考虑了一条链路被 8 个用户共同使用的情况。这可以用一个 8 维的时滞微分方程描述。计算表明,理论结果与数值结果吻合得较好。

我们再次强调,数据发送速率的振荡,特别是高维网络系统中的同步振荡,将极大地增加网络出现拥塞的风险。也就是说,当所有用户的数据发送速率同时达到峰值的时候,网络系统将可能是不堪重负的。我们借鉴第 2 章中的方法,对用户的时滞施加周期摄动以抑制网络系统的振荡。我们采用两种方法来研究这种抑制策略,即基于振幅-频率方程的方法和基于快慢变系统理论的方法。通过这两种方法得到的使振荡衰减的时滞摄动幅度的预计值是相同的。我们依然采用之前的 8 维算例来验证方法的有效性。数值结果表明,理论预计是成功的,换言之,对于高维系统,利用周期时滞来抑制系统振荡依然是有效的。特别是,根据我们的研究,存在这样的可能性,即只对一个用户的时滞进行摄动便可以将整个网络的振荡抑制下来。换言之,为了实现振荡抑制的目标,我们可以设计这样一种控制器,其时滞可以周期改变。只要变化的幅度合理,便可以有效地抑制网络系统的振荡。

附录 3.1 方程(3-1)中 $p(x)$ 的表达式

注意到对于单用户和单链路的情况,我们有

$$p(x) = \frac{\theta\sigma^2 x}{\theta\sigma^2 x + 2(c-x)},$$

式中，c 为链路容量；θ、σ^2 为正参数。我们指出对于多个用户的情形，$p(.)$ 与单用户的情形具有相同的形式。与文献[14]类似，我们假定在时间间隔 T 之中到达链路的数据包的数量服从期望为 $(y_1 + y_2 + \cdots + y_n)T$，方差为 $(y_1 + y_2 + \cdots + y_n)\sigma^2 T$ 的高斯分布。进一步，根据文献[3]中的假设，我们认为在不相交的时间段内到达链路的数据包的数量是独立的。则，根据扩散近似(diffusion approximation)，数据包的数量小于 z 的概率由下式给出

$$J(z) = 1 - \mathrm{e}^{\frac{-2(c-y_1-y_2-\cdots-y_n)}{(y_1+y_2+\cdots+y_n)\sigma^2}z},$$

式中，$y_1 + y_2 + \cdots + y_n < c$。路由器缓存中数据包数量的概率密度函数为

$$j(z) = \frac{2(c-y_1-y_2-\cdots-y_n)}{(y_1+y_2+\cdots+y_n)\sigma^2} \mathrm{e}^{\frac{-2(c-y_1-y_2-\cdots-y_n)}{(y_1+y_2+\cdots+y_n)\sigma^2}z}.$$

假设当缓存中已经存在 z 个数据包时，新到数据包被标记的概率是 $f_c(z)$。考虑随机早期检测 REM(Random Early Marking，TCP 的一种版本)算法的情况，我们有 $f_c(z) = 1 - \mathrm{e}^{-\theta z}$，其中 $\theta > 0$。则最终标记的概率由下式给出

$$p(y_1, y_2, \cdots, y_n) = \int_0^{+\infty} f_c(z)j(z)\mathrm{d}z = \frac{\theta\sigma^2 \sum_{j=1}^{n} y_j}{2\left(c - \sum_{j=1}^{n} y_j\right) + \theta\sigma^2 \sum_{j=1}^{n} y_j}.$$

$$(3-34)$$

附录 3.2　方程(3-25)中的系数

$$r_1(t) = g_0 + g_1(t) = g_0 + g_{11}\sin(\Omega t) + g_{12}\cos(\Omega t) + g_{13}\cos(2\Omega t)$$

$$r_3(t) = -71.613$$

以及

$$f_0(t) = h_0 + h_1(t) = h_0 + h_{11}\sin(\Omega t) + h_{12}\cos(\Omega t) + h_{13}\cos(2\Omega t)$$

$$f_2(t) = -127.36$$

式中

$$
\begin{aligned}
g_0 =\ & -10.273\,2B_1^2 + 8.345\,6B_1B_2 - 12.914\,9B_2^2 + 7.218\,7B_1B_3 \\
& + 10.017B_2B_3 - 11.37B_3^2 + 5.414B_1B_4 + 7.511B_2B_4 \\
& + 6.497B_3B_4 - 9.516\,6B_4^2 + 2.387B_1B_5 + 3.315B_2B_5 \\
& + 2.862B_3B_5 + 2.148B_4B_5 - 4.483\,7B_5^2 + 9.103\,5B_1B_6 \\
& + 12.621B_2B_6 + 10.93B_3B_6 + 8.19B_4B_6 + 3.622B_5B_6 \\
& - 14.137\,4B_6^2 + 11.128B_1B_7 + 15.43B_2B_7 + 13.36B_3B_7 \\
& + 10.015B_4B_7 + 4.42B_5B_7 + 16.83B_6B_7 - 14.647\,7B_7^2 \\
& + 4.211B_1B_8 + 5.84B_2B_8 + 5.053B_3B_8 + 3.79B_4B_8 \\
& + 1.67B_5B_8 + 6.372\,4B_6B_8 + 7.789B_7B_8 - 7.822\,9B_8^2 \\
& - 51.62\tau_0 + 241.856\tau_0^2 \qquad\qquad\qquad\qquad\qquad\qquad (3-35)
\end{aligned}
$$

$$
\begin{aligned}
g_{11} =\ & -5.818\,5B_1 - 7.95B_2 - 7.086B_3 - 5.236\,6B_4 - 2.445B_5 \\
& - 8.408B_6 - 10.601\,6B_7 - 4.073B_8 + 54.522\,5B_1\tau_0 \\
& + 74.51B_2\tau_0 + 66.4B_3\tau_0 + 49.07B_4\tau_0 + 22.914B_5\tau_0 \\
& + 78.79B_6\tau_0 + 99.34B_7\tau_0 + 38.166B_8\tau_0
\end{aligned}
$$

$$
\begin{aligned}
g_{12} =\ & 0.011\,73\Omega B_1 + 0.049\,7\Omega B_2 - 0.014\,7\Omega B_3 + 0.010\,56\Omega B_4 \\
& - 0.033\,164\Omega B_5 + 0.127\,65\Omega B_6 + 0.066\,27\Omega B_7 \\
& - 1.825\,37\Omega B_8
\end{aligned}
$$

$$
\begin{aligned}
g_{13} =\ & 10.273B_1^2 - 8.346B_1B_2 + 12.915B_2^2 + 7.823B_8^2 - 7.219B_1B_3 \\
& - 10.017B_2B_3 + 11.367B_3^2 - 5.414B_1B_4 - 7.511B_2B_4 \\
& - 6.497B_3B_4 + 9.517B_4^2 - 2.387B_1B_5 - 3.315B_2B_5
\end{aligned}
$$

$$-2.862B_3B_5 - 2.148B_4B_5 + 4.484B_5^2 - 9.103B_1B_6$$

$$-12.621B_2B_6 - 10.93B_3B_6 - 8.193B_4B_6 - 3.622B_5B_6$$

$$+14.137B_6^2 - 11.13B_1B_7 - 15.433B_2B_7 - 13.355B_3B_7$$

$$-10.015B_4B_7 - 4.42B_5B_7 - 16.827B_6B_7 + 14.65B_7^2$$

$$-4.211B_1B_8 - 5.842B_2B_8 - 5.053B_3B_8 - 3.79B_4B_8$$

$$-1.671B_5B_8 - 6.372B_6B_8 - 7.79B_7B_8$$

以及

$$h_0 = -10.273B_1^2 + 8.346B_1B_2 - 12.915B_2^2 + 7.219B_1B_3$$

$$+10.017B_2B_3 - 11.367B_3^2 + 5.414B_1B_4 + 7.511B_2B_4$$

$$+6.497B_3B_4 - 9.517B_4^2 + 2.387B_1B_5 + 3.315B_2B_5$$

$$+2.862B_3B_5 + 2.148B_4B_5 - 4.484B_5^2 + 9.103\ 5B_1B_6$$

$$+12.62B_2B_6 + 10.93B_3B_6 + 8.193B_4B_6 + 3.622B_5B_6$$

$$-14.14B_6^2 + 11.13B_1B_7 + 15.433B_2B_7 + 13.36B_3B_7$$

$$+10.015B_4B_7 + 4.42B_5B_7 + 16.827B_6B_7 - 14.648B_7^2$$

$$+4.211B_1B_8 + 5.842B_2B_8 + 5.053B_3B_8 + 3.79B_4B_8$$

$$+1.671B_5B_8 + 6.372B_6B_8 + 7.789B_7B_8 - 7.823B_8^2$$

$$-51.620\tau_0 + 241.856\tau_0^2$$

$$h_{11} = -5.82B_1 - 7.95B_2 - 7.086B_3 - 5.237B_4 - 2.445B_5$$

$$-8.408B_6 - 10.602B_7 - 4.073B_8 + 54.523B_1\tau_0$$

$$+74.507B_2\tau_0 + 66.34B_3\tau_0 + 49.07B_4\tau_0 + 22.914B_5\tau_0$$

$$+78.79B_6\tau_0 + 99.343B_7\tau_0 + 38.166B_8\tau_0$$

$$h_{12} = 0.012\Omega B_1 + 0.05\Omega B_2 - 0.015\Omega B_3 + 0.010\ 6\Omega B_4$$

$$-0.033\ 2\Omega B_5 + 0.128\Omega B_6 + 0.066\Omega B_7 - 1.825\ 4\Omega B_8$$

$$h_{13} = 10.273B_1^2 - 8.346B_1B_2 + 12.915B_2^2 + 7.823B_8^2$$

$$-7.219B_1B_3 - 10.017B_2B_3 + 11.37B_3^2 - 5.414B_1B_4$$

$$-7.511B_2B_4 - 6.497B_3B_4 + 9.517B_4^2 - 2.387B_1B_5$$

$$-3.315B_2B_5 - 2.862B_3B_5 - 2.148B_4B_5 + 4.484B_5^2$$

$$-9.103\,5B_1B_6 - 12.62B_2B_6 - 10.93B_3B_6 - 8.193B_4B_6$$

$$-3.622B_5B_6 + 14.137B_6^2 - 11.128B_1B_7 - 15.433B_2B_7$$

$$-13.355B_3B_7 - 10.015B_4B_7 - 4.42B_5B_7 - 16.827B_6B_7$$

$$+14.65B_7^2 - 4.211B_1B_8 - 5.842B_2B_8 - 5.053B_3B_8$$

$$-3.79B_4B_8 - 1.67B_5B_8 - 6.372B_6B_8 - 7.789B_7B_8$$

第4章

拥塞控制中两时滞引起的概周期运动

4.1 引 言

在第 2 章和第 3 章中,我们研究了对于低维和高维系统,利用周期时滞控制系统振荡的可能性。但是注意到,在这两部分的研究中,我们假定对于不同的用户其静态的回环时间都是相同的,也就是说,不管系统的维数如何,时滞只有一个。毫无疑问,这种假定对于实际问题而言是过于理想了。在本章中,我们将考虑含有两个不同时滞的系统并研究其可能的非线性动力学行为。

根据前面的研究,我们已经清楚时滞可以通过 Hopf 分岔引起系统振荡。那么,我们提出这样的问题,即:时滞是否可能引起比周期振荡更加复杂的运动,例如概周期运动?一方面,在因特网拥塞控制的研究中,人们的确发现了概周期这一现象[42]。另一方面,多个时滞的确有可能通过高维分岔诱发比周期运动更加复杂的动力学行为。例如,在文献[30]中,作者论述了在含有两个不同时滞的拥塞控制模型中双 Hopf 分岔是可能出现的。

在本章的研究中,我们将关注时滞所引起的概周期运动。首先,在拥塞控制问题中,概周期现象是应予以抑制和避免的。这是因为,概周期运动表现为不规则的振荡,具体来说,从这种运动中可以分离出两个甚至更多的不可公度的频率成分，这使得对这种运动行为的长期预测变得十分困难。其次，根据 Gao 等人的研究[42]，拥塞控制的实际问题中存在着从概周期通向混沌的路径。换言之，可以认为概周期是一个潜在的危险因素，因此有必要研究可能引起概周期运动的机制。与文献[30]中的研究类似，我们考虑一个含有两个不同时滞的拥塞控制模型。该模型可以看做是 Kelly在文献[14]中提出的模型的推广。由于在所有的参数中，时滞是比较难"设计"的，因此时滞所诱发的动态分岔将可能给系统带来未知的风险。鉴于此，我们将时滞选作分岔参数。根据本章的研究，两个不同的时滞将会引起拥塞控制模型发生非共振双 Hopf 分岔并引起概周期运动。利用多尺度方法，我们可以估计出两时滞平面上概周期运动存在的区域，这为网络系统的设计和系统参数的选择提供了一定的借鉴。

4.2　模　型

在本章中，我们研究 n 个用户共用一条链路的情况。将这些用户分成两组，分别由 n_1 个和 n_2 个用户组成，其中 $n_1 + n_2 = n$。则根据 Kelly 的工作[14]，描述拥塞控制算法的数学模型为

$$\dot{y}_{u,1}(t) = k_{u,1}\left(w_{u,1} - y_{u,1}(t-\tau_{u,1})p\left(\sum_{i=1}^{n_1} y_{u,i}(t-\tau_{u,i})\right.\right.$$
$$\left.\left. + \sum_{i=1}^{n_2} y_{d,i}(t-\tau_{d,i})\right)\right)$$
$$\vdots$$
$$\dot{y}_{u,n_1}(t) = k_{u,n_1}\left(w_{u,n_1} - y_{u,n_1}(t-\tau_{u,n_1})p\left(\sum_{i=1}^{n_1} y_{u,i}(t-\tau_{u,i})\right.\right.$$
$$\left.\left. + \sum_{i=1}^{n_2} y_{d,i}(t-\tau_{d,i})\right)\right)$$

$$\dot{y}_{d,1}(t) = k_{d,1}\big(w_{d,1} - y_{d,1}(t-\tau_{d,1})p\big(\sum_{i=1}^{n_1} y_{u,i}(t-\tau_{u,i})$$

$$+ \sum_{i=1}^{n_2} y_{d,i}(t-\tau_{d,i})\big)\big)$$

$$\vdots$$

$$\dot{y}_{d,n_2}(t) = k_{d,n_2}\big(w_{d,n_2} - y_{d,n_2}(t-\tau_{d,n_2})p\big(\sum_{i=1}^{n_1} y_{u,i}(t-\tau_{u,i})$$

$$+ \sum_{i=1}^{n_2} y_{d,i}(t-\tau_{d,i})\big)\big) \tag{4-1}$$

式中,对于 $i = 1, 2, \cdots, n_1$ 和 $j = 1, 2, \cdots, n_2$, $y_{u,i}(t)$, $k_{u,i}$, $w_{u,i}$, $\tau_{u,i}$ 和 $y_{d,j}(t)$, $k_{d,j}$, $w_{d,j}$, $\tau_{d,j}$ 分别表示数据发送速率,(正)增益系数,目标以及时滞或回环时间。与前文类似,罚函数 $p(x)$ 取如下形式:

$$p(x) = \theta\sigma^2 x/(\theta\sigma^2 x + 2(c-x))$$

式中, θ, σ^2 和 c 的意义与前两章相同。

接下来,我们将考虑方程(4-1)的一种特殊情形。假定在这两组用户的每一组中,所有的物理参数都相同,而不同组用户的参数则可以不同。例如,一组用户使用上行链路(uplink)而另一组用户使用下行链路(downlink)时便可以近似为这种情况。另外,在 ADSL(Asymmetric Digital Subscriber Line) 链路中,分配给下行链路的带宽通常是上行链路带宽的几倍。因此,如果我们专注于局域网的情况,则不同组的用户的时滞的差别将可能是非常明显的。这样,方程(4-1)便可以整理为

$$\dot{y}_{u,1}(t) = k_1\big(\tilde{w}_1 - y_{u,1}(t-\tau_1)p\big(\sum_{i=1}^{n_1} y_{u,i}(t-\tau_1) + \sum_{i=1}^{n_2} y_{d,i}(t-\tau_2)\big)\big)$$

$$\vdots$$

$$\dot{y}_{u,n_1}(t) = k_1\big(\tilde{w}_1 - y_{u,n_1}(t-\tau_1)p\big(\sum_{i=1}^{n_1} y_{u,i}(t-\tau_1) + \sum_{i=1}^{n_2} y_{d,i}(t-\tau_2)\big)\big)$$

$$\dot{y}_{d,1}(t) = k_2\big(\widetilde{w}_2 - y_{d,1}(t-\tau_2)p\big(\sum_{i=1}^{n_1} y_{u,i}(t-\tau_1) + \sum_{i=1}^{n_2} y_{d,i}(t-\tau_2)\big)\big)$$

$$\vdots$$

$$\dot{y}_{d,n_2}(t) = k_2\big(\widetilde{w}_2 - y_{d,n_2}(t-\tau_2)p\big(\sum_{i=1}^{n_1} y_{u,i}(t-\tau_1) + \sum_{i=1}^{n_2} y_{d,i}(t-\tau_2)\big)\big)$$

$$(4-2)$$

式中，对于 $i = 1, 2, \cdots, n_1$ 和 $j = 1, 2, \cdots, n_2$，$k_{u,i} = k_1$，$w_{u,i} = w_1$，$\tau_{u,i} = \tau_1$，$k_{u,j} = k_2$，$w_{u,j} = w_2$，$\tau_{u,j} = \tau_2$。

可以对方程(4-2)做进一步的化简。我们将方程(4-2)中的第 1 条到第 n_1 条方程加在一起，将第 $(n_1 + 1)$ 条到最后一条方程加在一起，便得到如下的二维系统

$$\dot{y}_1(t) = k_1(w_1 - y_1(t-\tau_1)p(y_1(t-\tau_1) + y_2(t-\tau_2))) \qquad (4-3)$$

$$\dot{y}_2(t) = k_2(w_2 - y_2(t-\tau_2)p(y_1(t-\tau_1) + y_2(t-\tau_2)))$$

式中，$y_1(t) = \sum_{i=1}^{n_1} y_{u,i}(t)$，$y_2(t) = \sum_{j=1}^{n_2} y_{d,j}(t)$，$w_1 = n_1\widetilde{w}_1$，$w_2 = n_2\widetilde{w}_2$。方程(4-3)描述了每一组用户整体的动力学行为。图4-1是该网

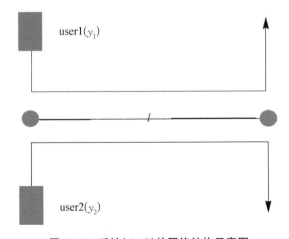

图 4-1　系统(4-3)的网络结构示意图

络系统的结构示意图。下面,我们来研究方程(4-3)的非线性动力学行为。

4.3　平衡点附近的线性系统

为了研究非线性系统(4-3),我们先确定该系统的平衡点并且将该系统在平衡点附近线性化。需要注意的是,由于系统中存在着两个不同的时滞,我们很难解析的求得该线性系统的特征值。此外,在本章的研究中,我们只关心时滞的作用和效果,因此我们给除时滞外的其他参数赋值并采用数值方法来确定线性系统的特征值。具体如下:$c=5$,$\theta\sigma^2=0.5$,$k_1=10$,$k_2=25$,$w_1=1$,$w_2=1.5$。则此时平衡点为 $y_1^*=1.7$,$y_2^*=2.55$。为了得到线性化系统,令 $x_1(t)=y_1(t)-y_1^*$,$x_2(t)=y_2(t)-y_2^*$。则特征方程可以写为

$$\lambda^2+(12.37\mathrm{e}^{-\lambda\tau_1}+39.05\mathrm{e}^{-\lambda\tau_2})\lambda+324.93\mathrm{e}^{-\lambda\tau_1-\lambda\tau_2}=0. \quad (4-4)$$

将 $\lambda=\omega\mathrm{i}$ 代入方程(4-4)并分离实部虚部,我们得到

$$324.93\cos(\omega\tau_1)\cos(\omega\tau_2)+12.37\omega\sin(\omega\tau_1)+39.05\omega\sin(\omega\tau_2)$$
$$-324.93\sin(\omega\tau_1)\sin(\omega\tau_2)-\omega^2=0$$
$$12.37\omega\cos(\omega\tau_1)+39.05\omega\cos(\omega\tau_2)-324.93\cos(\omega\tau_2)\sin(\omega\tau_1)$$
$$-324.93\sin(\omega\tau_2)\cos(\omega\tau_1)=0$$

$$(4-5)$$

从方程(4-5)中,我们可以求出 $\sin(\omega\tau_1)$ 和 $\cos(\omega\tau_1)$。利用等式 $\sin(\omega\tau_1)^2+\cos(\omega\tau_1)^2=1$,我们得到

$$f(\omega) = \omega^4 - 78.1\sin(\omega\tau_2)\omega^3 + 1\,371.8\omega^2 + 8\,048.3\sin(\omega\tau_2)\omega - 105\,579$$
$$= 0 \tag{4-6}$$

我们发现对于 τ_2 的某些值,方程(4-6)将可能有多个根,如图 4-2 所示。

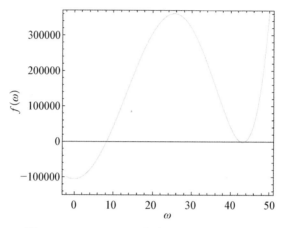

图 4-2　$\tau_2 = 0.035$ 时,方程(4-6)根的分布

从图 4-2 中可以看出,当 τ_2 取值在 0.035 附近时,ω 的根有两个,分别在 10 和 40 附近。如果我们用 τ_1 和 ω 来表示 $f(\omega)$,则当 τ_1 取值在 0.2 附近时我们也可以得到类似的结论。这些结果便预示着双 Hopf 分岔是可能会出现的。利用牛顿迭代法,可以计算出 $\tau_1 - \tau_2$ 平面上的两条 Hopf 分岔曲线,如图 4-3 所示。

不难求出两条 Hopf 分岔线的交点。将 $\omega = \omega_1$ 和 $\omega = \omega_2$ 代入方程(4-5)将得到四条关于 ω_1,ω_2,τ_1 和 τ_2 的方程。可以解得 $\omega_1 = 8.3$,$\omega_2 = 42.15$,$\tau_{1,c} = 0.202\,77$ 以及 $\tau_{2,c} = 0.035\,168$,其中,$\tau_{1,c}$ 和 $\tau_{2,c}$ 表示双 Hopf 分岔发生时 τ_1 和 τ_2 的可能的临界值。数值模拟的结果表明,在区域 A 中平衡点是稳定的。在区域 B 和 F 中,系统表现为频率不同的周期振动。在区域 D 中,我们发现存在概周期运动。至此,我们可以确定这两条 Hopf 分岔线的交点的确是一个余维二的双 Hopf 分岔点。然而,根据分岔理论[135],我们可以断言图 4-3 中的两条 Hopf 分岔线并不是全部的分岔

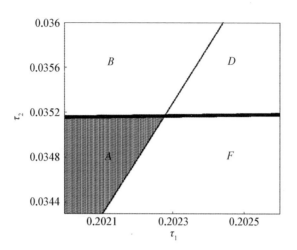

图 4 - 3　基于线性分析得到的 τ_1 和 τ_2 平面上的 Hopf 分岔线。区域 A
表示平衡点稳定区域,B 区域对应着高频率周期振动,F 区域
对应着低频率周期振动,D 区域内的动力学行为需要做进一步
的非线性分析方能确定

边界。为了确定双 Hopf 点附近全部的分岔边界曲线,我们必须借助非线性分析的方法。接下来,我们简要介绍本章研究所采用的多尺度方法。

4.4　利用多尺度方法研究双 Hopf 分岔

4.4.1　方法介绍

在本节中,我们简要的介绍适用于时滞微分方程(4 - 3)非共振双 Hopf 分岔研究的多尺度方法。这里所介绍的方法主要参考自文献[122]和[125]。当时滞被选作分岔参数时,我们在其分岔临界值附近对其进行摄动,即

$$\tau_1 \rightarrow \tau_{1,c} + \varepsilon \tau_{1,\varepsilon}, \ \tau_2 \rightarrow \tau_{2,c} + \varepsilon \tau_{2,\varepsilon} \qquad (4 - 7)$$

式中,ε 为一个小参量,这意味着方程(4 - 7)中所施加的摄动为弱摄动。按

照通常的做法，我们假设分岔周期解的振幅为 ε 量级。则方程(4-3)的解可以设为如下形式：

$$x_1(t)=\varepsilon x_{1,1}(T_0,T_1,T_2,\cdots)+\varepsilon^2 x_{1,2}(T_0,T_1,T_2,\cdots)+\cdots$$

$$x_2(t)=\varepsilon x_{2,1}(T_0,T_1,T_2,\cdots)+\varepsilon^2 x_{2,2}(T_0,T_1,T_2,\cdots)+\cdots$$

式中，$k=0,1,2,\cdots$，$T_k=\varepsilon^k t$。而关于时滞项的处理，我们依然将 $x_{i,j}(T_0-\tau_{i,c}-\varepsilon\tau_{i,\varepsilon},T_1-\varepsilon(\tau_{i,c}-\varepsilon\tau_{i,\varepsilon}),\cdots)$ 在 $(T_0-\tau_{i,c},T_1,T_2,\cdots)$ 处展开，其中 $i=1,2$，$j=1,2,\cdots$。在 ε 的第一阶量级上，我们有

$$D_0 x_{1,1}(T_0,T_1,T_2,\cdots)+\alpha_{1,1}x_{1,1}(T_0-\tau_{1,c},T_1,T_2,\cdots)$$
$$+\alpha_{1,2}x_{2,1}(T_0-\tau_{2,c},T_1,T_2,\cdots)=0$$
$$D_0 x_{2,1}(T_0,T_1,T_2,\cdots)+\alpha_{2,1}x_{1,1}(T_0-\tau_{1,c},T_1,T_2,\cdots)$$
$$+\alpha_{2,2}x_{2,1}(T_0-\tau_{2,c},T_1,T_2,\cdots)=0$$

$$(4-8)$$

式中，$D_0=\mathrm{d}/\mathrm{d}T_0$。考虑到 $\omega_1 \mathrm{i}$ 和 $\omega_2 \mathrm{i}$ 是方程(4-3)线性部分的特征值，则可将方程(4-8)的解设为

$$x_{1,1}(T_0,T_1,T_2,\cdots)=A_{1,1,1}(T_1,T_2,\cdots)\sin(\omega_1 T_0)$$
$$+B_{1,1,1}(T_1,T_2,\cdots)\cos(\omega_1 T_0)$$
$$+C_{1,1,1}(T_1,T_2,\cdots)\sin(\omega_2 T_0)$$
$$+D_{1,1,1}(T_1,T_2,\cdots)\cos(\omega_2 T_0)$$
$$x_{2,1}(T_0,T_1,T_2,\cdots)=A_{2,1,1}(T_1,T_2,\cdots)\sin(\omega_1 T_0)$$
$$+B_{2,1,1}(T_1,T_2,\cdots)\cos(\omega_1 T_0)$$
$$+C_{2,1,1}(T_1,T_2,\cdots)\sin(\omega_2 T_0)$$
$$+D_{2,1,1}(T_1,T_2,\cdots)\cos(\omega_2 T_0)$$

式中，$A_{2,1,1}$，$B_{2,1,1}$，$C_{2,1,1}$ 和 $D_{2,1,1}$ 可以表示为 $A_{1,1,1}$，$B_{1,1,1}$，$C_{1,1,1}$

和 $D_{1,1,1}$ 的函数。那么，在 ε 的第二阶量级，我们得到

$$
\begin{aligned}
D_0 x_{1,2}(T_0, T_1, T_2, \cdots) &+ \alpha_{1,1} x_{1,2}(T_0 - \tau_{1,c}, T_1, T_2, \cdots) \\
&+ \alpha_{1,2} x_{2,2}(T_0 - \tau_{2,c}, T_1, T_2, \cdots) + \beta_{1,1} \sin(\omega_1 T_0) + \beta_{1,2} \cos(\omega_1 T_0) \\
&+ \beta_{1,3} \sin(2\omega_1 T_0) + \beta_{1,4} \cos(2\omega_1 T_0) + \gamma_{1,1} \sin(\omega_2 T_0) + \gamma_{1,2} \cos(\omega_2 T_0) \\
&+ \gamma_{1,3} \sin(2\omega_2 T_0) + \gamma_{1,4} \cos(2\omega_2 T_0) + \eta_{1,1} \sin(\omega_1 + \omega_2) T_0 \\
&+ \eta_{1,2} \cos(\omega_1 + \omega_2) T_0 + \eta_{1,3} \sin(\omega_1 - \omega_2) T_0 \\
&+ \eta_{1,4} \cos(\omega_1 - \omega_2) T_0 + \rho_1 = 0 \\
D_0 x_{2,2}(T_0, T_1, T_2, \cdots) &+ \alpha_{2,1} x_{1,2}(T_0 - \tau_{1,c}, T_1, T_2, \cdots) \\
&+ \alpha_{2,2} x_{2,2}(T_0 - \tau_{2,c}, T_1, T_2, \cdots) + \beta_{2,1} \sin(\omega_1 T_0) + \beta_{2,2} \cos(\omega_1 T_0) \\
&+ \beta_{2,3} \sin(2\omega_1 T_0) + \beta_{2,4} \cos(2\omega_1 T_0) + \gamma_{2,1} \sin(\omega_2 T_0) + \gamma_{2,2} \cos(\omega_2 T_0) \\
&+ \gamma_{2,3} \sin(2\omega_2 T_0) + \gamma_{2,4} \cos(2\omega_2 T_0) + \eta_{2,1} \sin(\omega_1 + \omega_2) T_0 \\
&+ \eta_{2,2} \cos(\omega_1 + \omega_2) T_0 + \eta_{2,3} \sin(\omega_1 - \omega_2) T_0 \\
&+ \eta_{2,4} \cos(\omega_1 - \omega_2) T_0 + \rho_2 = 0
\end{aligned}
\tag{4-9}
$$

式中 ρ_1 和 ρ_2 是 $A_{1,1,1}$，$B_{1,1,1}$，$C_{1,1,1}$ 和 $D_{1,1,1}$ 的二次函数。基于上述方程，我们可以设解如下：

$$
\begin{aligned}
x_{1,2}(T_0, T_1, T_2, \cdots) &= NH_1(T_1, T_2, \cdots) \\
&+ A_{1,2,2}(T_1, T_2, \cdots)\sin(2\omega_1 T_0) + B_{1,2,2}(T_1, T_2, \cdots)\cos(2\omega_1 T_0) \\
&+ C_{1,2,2}(T_1, T_2, \cdots)\sin(2\omega_2 T_0) + D_{1,2,2}(T_1, T_2, \cdots)\cos(2\omega_2 T_0) \\
&+ A_{1,2,1}(T_1, T_2, \cdots)\sin(\omega_1 T_0) + B_{1,2,1}(T_1, T_2, \cdots)\cos(\omega_1 T_0) \\
&+ C_{1,2,1}(T_1, T_2, \cdots)\sin(\omega_2 T_0) + D_{1,2,1}(T_1, T_2, \cdots)\cos(\omega_2 T_0) \\
&+ E_{1,2,1}(T_1, T_2, \cdots)\sin(\omega_1 + \omega_2) T_0 \\
&+ F_{1,2,1}(T_1, T_2, \cdots)\cos(\omega_1 + \omega_2) T_0 \\
&+ E_{1,2,2}(T_1, T_2, \cdots)\sin(\omega_1 - \omega_2) T_0 \\
&+ F_{1,2,2}(T_1, T_2, \cdots)\cos(\omega_1 - \omega_2) T_0
\end{aligned}
$$

以及

$$
\begin{aligned}
x_{2,2}(T_0, &\ T_1, T_2, \cdots) = NH_2(T_1, T_2, \cdots) \\
&+ A_{2,2,2}(T_1, T_2, \cdots)\sin(2\omega_1 T_0) + B_{2,2,2}(T_1, T_2, \cdots)\cos(2\omega_1 T_0) \\
&+ C_{2,2,2}(T_1, T_2, \cdots)\sin(2\omega_2 T_0) + D_{2,2,2}(T_1, T_2, \cdots)\cos(2\omega_2 T_0) \\
&+ A_{2,2,1}(T_1, T_2, \cdots)\sin(\omega_1 T_0) + B_{2,2,1}(T_1, T_2, \cdots)\cos(\omega_1 T_0) \\
&+ C_{2,2,1}(T_1, T_2, \cdots)\sin(\omega_2 T_0) + D_{2,2,1}(T_1, T_2, \cdots)\cos(\omega_2 T_0) \\
&+ E_{2,2,1}(T_1, T_2, \cdots)\sin(\omega_1 + \omega_2)T_0 \\
&+ F_{2,2,1}(T_1, T_2, \cdots)\cos(\omega_1 + \omega_2)T_0 \\
&+ E_{2,2,2}(T_1, T_2, \cdots)\sin(\omega_1 - \omega_2)T_0 \\
&+ F_{2,2,2}(T_1, T_2, \cdots)\cos(\omega_1 - \omega_2)T_0
\end{aligned}
$$

式中，$NH_i(T_1, T_2, \cdots)$，$i = 1, 2$ 的出现是由于系统为平方非线性系统因此存在偏心。在方程（4 - 9）中，$\sin(\omega_1 T_0)$，$\cos(\omega_1 T_0)$，$\sin(\omega_2 T_0)$ 和 $\cos(\omega_2, T_0)$ 通常被称为长期项并可被用来得到可解性条件。令这些长期项的系数为零，我们得到

$$\boldsymbol{\Gamma} \cdot M = F \tag{4-10}$$

以及

$$\boldsymbol{\Lambda} \cdot N = G \tag{4-11}$$

式中，$\boldsymbol{\Gamma}$ 和 $\boldsymbol{\Lambda}$ 是 4×4 的矩阵，$M = \{A_{1,2,1}, B_{1,2,1}, A_{2,2,1}, B_{2,2,1}\}^T$，$N = \{C_{1,2,1}, D_{1,2,1}, C_{2,2,1}, D_{2,2,1}\}^T$，$F = \{f_1, f_2, f_3, f_4\}^T$ 以及 $G = \{g_1, g_2, g_3, g_4\}^T$。此处 f_i 和 g_i 是 $A_{1,1,1}$，$B_{1,1,1}$，$D_1 A_{1,1,1}$，$D_1 B_{1,1,1}$ 和 $C_{1,1,1}$，$D_{1,1,1}$，$D_1 C_{1,1,1}$，$D_1 D_{1,1,1}$ 的函数，其中 $D_1 = \mathrm{d}/\mathrm{d}T_1$。根据 Fredholm 择一性原理[135]，方程（4 - 10）和（4 - 11）有非平凡解的充分必要条件是只要 $\boldsymbol{\Gamma}^T \cdot u = 0$，$\boldsymbol{\Lambda}^T \cdot v = 0$，便有 $\boldsymbol{F}^T \cdot u = 0$，$G^T \cdot v = 0$。注意到

$\boldsymbol{\Gamma}$ 和 $\boldsymbol{\Lambda}$ 的秩均为 2，我们得到

$$\begin{cases} h_1(A_{1,1,1},\ B_{1,1,1},\ D_1 A_{1,1,1},\ D_1 B_{1,1,1}) = 0 \\ h_2(A_{1,1,1},\ B_{1,1,1},\ D_1 A_{1,1,1},\ D_1 B_{1,1,1}) = 0 \end{cases}$$

以及

$$\begin{cases} h_3(C_{1,1,1},\ D_{1,1,1},\ D_1 C_{1,1,1},\ D_1 D_{1,1,1}) = 0 \\ h_4(C_{1,1,1},\ D_{1,1,1},\ D_1 C_{1,1,1},\ D_1 D_{1,1,1}) = 0 \end{cases}$$

式中，h_i 为其变量的线性函数，$i = 1, \cdots, 4$。解这些方程，我们便可以得到以 $A_{1,1,1}$，$B_{1,1,1}$，$C_{1,1,1}$，$D_{1,1,1}$ 表示的 $D_1 A_{1,1,1}$，$D_1 B_{1,1,1}$，$D_1 C_{1,1,1}$，$D_1 D_{1,1,1}$。

　　类似的，我们还可以求得 $A_{1,1,1}$，$B_{1,1,1}$，$C_{1,1,1}$ 和 $D_{1,1,1}$ 关于 T_2，T_3，$\cdots$ 的导数。则有：

$$\begin{cases} \dot{A}_{1,1,1} = \varepsilon D_1 A_{1,1,1} + \varepsilon^2 D_2 A_{1,1,1} + \cdots \\ \dot{B}_{1,1,1} = \varepsilon D_1 B_{1,1,1} + \varepsilon^2 D_2 B_{1,1,1} + \cdots \end{cases} \qquad (4-12)$$

以及

$$\begin{cases} \dot{C}_{1,1,1} = \varepsilon D_1 C_{1,1,1} + \varepsilon^2 D_2 C_{1,1,1} + \cdots \\ \dot{D}_{1,1,1} = \varepsilon D_1 D_{1,1,1} + \varepsilon^2 D_2 D_{1,1,1} + \cdots \end{cases} \qquad (4-13)$$

式中，$D_i = \mathrm{d}/\mathrm{d}T_i$。将上述直角坐标转换为极坐标，令 $A_{1,1,1} = R_1(t)\cos(\varphi(t))$，$B_{1,1,1} = R_1(t)\sin(\varphi(t))$，$C_{1,1,1} = R_2(t)\cos(\psi(t))$，$D_{1,1,1} = R_2(t)\sin(\psi(t))$。将这些表达式代入方程（4-12）和（4-13）并在 $o(\varepsilon^3)$ 截断，则有：

$$\begin{cases} \varepsilon \dot{R}_1(t) = r_1(\varepsilon R_1(t)) + r_2(\varepsilon R_1(t))(\varepsilon R_2(t))^2 + r_3(\varepsilon R_1(t))^3 \\ \varepsilon \dot{R}_2(t) = r_4(\varepsilon R_2(t)) + r_5(\varepsilon R_2(t))(\varepsilon R_1(t))^2 + r_6(\varepsilon R_2(t))^3 \end{cases}$$

$$(4-14)$$

以及

$$
\begin{cases}
\dot{\varphi}(t) = s_1 + s_2\,(\varepsilon R_2(t))^2 + s_3\,(\varepsilon R_1(t))^2 \\
\dot{\psi}(t) = s_4 + s_5\,(\varepsilon R_1(t))^2 + s_6\,(\varepsilon R_2(t))^2
\end{cases} \tag{4-15}
$$

方程(4-14)和(4-15)即是振幅-频率方程。这两个方程是在双 Hopf 分岔点附近对平衡点附近的动力学进行分类的基础。

4.4.2　算例

在本节中,我们将给出一个算例,其中各个物理参数的取值与 4.3 节中相同。此时方程(4-14)和(4-15)可以写为

$$
\begin{cases}
\begin{aligned}
\varepsilon \dot{R}_1(t) ={}& \varepsilon R_1(t)(-0.038\,2(\varepsilon R_1(t))^2 - 1.60(\varepsilon R_2(t))^2 + 20.1\varepsilon\tau_{1,\varepsilon} \\
& -136.0\varepsilon^2\tau_{1,\varepsilon}^2 - 3.95\varepsilon\tau_{2,\varepsilon} - 2.77\varepsilon^2\tau_{1,\varepsilon}\tau_{2,\varepsilon} - 7.30\varepsilon^2\tau_{2,\varepsilon}^2) \\
\varepsilon \dot{R}_2(t) ={}& \varepsilon R_2(t)(-0.054(\varepsilon R_1(t))^2 - 24.8(\varepsilon R_2(t))^2 - 19.5\varepsilon\tau_{1,\varepsilon} \\
& -370.0\varepsilon^2\tau_{1,\varepsilon}^2 + 451.0\varepsilon\tau_{2,\varepsilon} + 1\,599.4\varepsilon^2\tau_{1,\varepsilon}\tau_{2,\varepsilon} \\
& -11\,452.8\varepsilon^2\tau_{2,\varepsilon}^2)
\end{aligned}
\end{cases}
$$

$$\tag{4-16}$$

以及

$$
\begin{cases}
\begin{aligned}
\dot{\varphi}(t) ={}& -0.114(\varepsilon R_1(t))^2 - 3.89(\varepsilon R_2(t))^2 - 31.19\varepsilon\tau_{1,\varepsilon} \\
& +115.9\varepsilon^2\tau_{1,\varepsilon}^2 - 1.346\varepsilon\tau_{2,\varepsilon} - 24.07\varepsilon^2\tau_{1,\varepsilon}\tau_{2,\varepsilon} + 55.7\varepsilon^2\tau_{2,\varepsilon}^2 \\
\dot{\psi}(t) ={}& 0.081\,5(\varepsilon R_1(t))^2 - 56.55(\varepsilon R_2(t))^2 - 85.17\varepsilon\tau_{1,\varepsilon} \\
& -98.7\varepsilon^2\tau_{1,\varepsilon}^2 - 417.5\varepsilon\tau_{2,\varepsilon} + 6\,990.7\varepsilon^2\tau_{1,\varepsilon}\tau_{2,\varepsilon} - 12\,165\varepsilon^2\tau_{2,\varepsilon}^2
\end{aligned}
\end{cases}
$$

$$\tag{4-17}$$

从方程(4-16)中我们可以求出该方程的如下四个平衡点

$$P_1 = (0, 0)$$

$$P_2 = (0, \sqrt{-0.78\varepsilon\tau_{1,\varepsilon} - 14.9\varepsilon^2\tau_{1,\varepsilon}^2 + 18.15\varepsilon\tau_{2,\varepsilon} + 64.4\varepsilon^2\tau_{1,\varepsilon}\tau_{2,\varepsilon} - 461.03\varepsilon^2\tau_{2,\varepsilon}^2})$$

$$P_3 = (\sqrt{525.4\varepsilon\tau_{1,\varepsilon} - 3\,561.5\varepsilon^2\tau_{1,\varepsilon}^2 - 103.3\varepsilon\tau_{2,\varepsilon} - 72.4\varepsilon^2\tau_{1,\varepsilon}\tau_{2,\varepsilon} - 191.2\varepsilon^2\tau_{2,\varepsilon}^2}, 0)$$

$$P_4 = (\sqrt{613.9\varepsilon\tau_{1,\varepsilon} - 3\,233.2\varepsilon^2\tau_{1,\varepsilon}^2 - 947.6\varepsilon\tau_{2,\varepsilon} - 3\,037.\varepsilon^2\tau_{1,\varepsilon}\tau_{2,\varepsilon} + 20\,969.\varepsilon^2\tau_{2,\varepsilon}^2}$$

$$\sqrt{-2.119\varepsilon\tau_{1,\varepsilon} - 7.860\varepsilon^2\tau_{1,\varepsilon}^2 + 20.22\varepsilon\tau_{2,\varepsilon} + 70.99\varepsilon^2\tau_{1,\varepsilon}\tau_{2,\varepsilon} - 506.65\varepsilon^2\tau_{2,\varepsilon}^2})$$

很明显,这些平衡点存在与否取决于时滞的取值。由此,可以在 τ_1 和 τ_2 的平面上对平衡点附近的动力学进行分类,如图 4-4 所示。为了验证分类的结果,我们采用龙格库塔方法沿着图 4-5(a) 中所示的矩形 $P_2 P_4 P_6 P_{10}$ 的四条边做四张分岔图,如图 4-5(b),图 4-5(c),图 4-5(d) 和图 4-5(e) 所示。数值结果表明理论分析的精度是令人满意的。

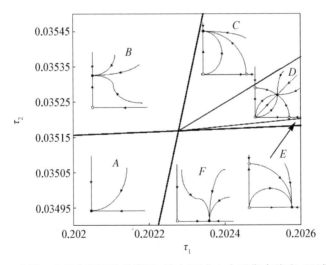

图 4-4　余维二分叉点附近的分类图,其中区域 A 中平衡点稳定,区域 B 和 C 中为频率较高的周期解,区域 D 中为概周期运动,区域 E 和 F 中为频率较低的周期解。粗实线为 Hopf 分岔线,细实线为二次分岔线或 Neimark - Sacker 分岔线

我们再来看概周期运动。为了验证利用多尺度法研究这种运动的有效性,我们进一步地将理论方法和数值方法所得到的时间历程图进行比

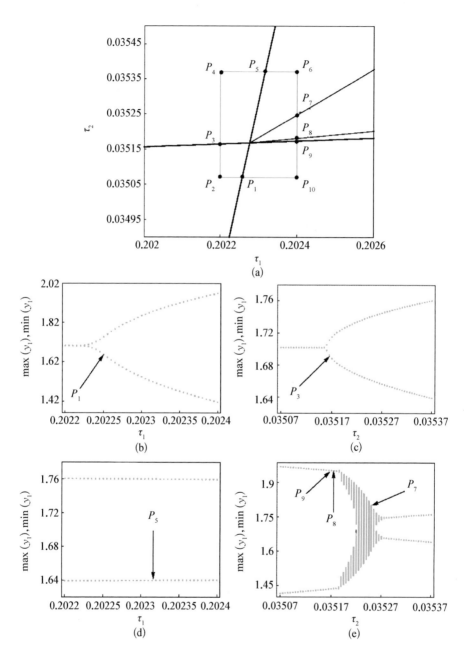

图 4-5 沿(a)中所示矩形的各边所做的分岔图,即(b) P_2P_{10} ,
(c) P_2P_4 , (d) P_4P_6 和(e) $P_{10}P_6$

较,如图 4-6 所示,此处 $\tau_1 = 0.204\,7$, $\tau_2 = 0.035\,84$。比较的结果表明,利用多尺度法来研究两个时滞通过双 Hopf 分岔所引起的概周期运动是可靠的。

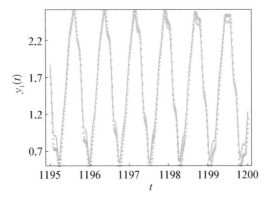

图 4-6　利用两种方法得到的概周期运动的时间历程图的比较,其中实线表示多尺度方法的结果,"×"表示数值模拟的结果

4.5　讨论:如何避免概周期运动的出现

在这一节中,我们将研究这样一种情况,即方程(4-3)中的两个时滞取值相同。为此我们要研究的是下面的系统

$$\dot{y}_1(t) = k_1(w_1 - y_1(t-\tau)p(y_1(t-\tau) + y_2(t-\tau)))$$
$$\dot{y}_2(t) = k_2(w_2 - y_2(t-\tau)p(y_1(t-\tau) + y_2(t-\tau)))$$

令 $x_1(t) = y_1(t) - y_1^*$, $x_2(t) = y_2(t) - y_2^*$, $x_1(t-\tau) = y_1(t-\tau) - y_1^*$, $x_2(t-\tau) = y_2(t-\tau) - y_2^*$,其中 (y_1^*, y_2^*) 为平衡点。将系统在平衡点附近线性化,得到如下的特征方程

$$\begin{vmatrix} a_{1,1}\mathrm{e}^{-\lambda\tau} + \lambda & a_{1,2}\mathrm{e}^{-\lambda\tau} \\ a_{2,1}\mathrm{e}^{-\lambda\tau} & a_{2,2}\mathrm{e}^{-\lambda\tau} + \lambda \end{vmatrix} = 0 \qquad (4-18)$$

式中，$a_{1,1} = k_1(p(y_1^* + y_2^*) + y_1^* p'(y_1^* + y_2^*))$，$a_{1,2} = k_1 y_1^* p'(y_1^* + y_2^*)$，$a_{2,1} = k_2 y_2^* p'(y_1^* + y_2^*)$，$a_{2,2} = k_2(p(y_1^* + y_2^*) + y_2^* p'(y_1^* + y_2^*))$。由于在我们所关心的状态变量的取值范围内 $p(x)$ 取正值且为单调增函数，则不难证明 $a_{1,1} > a_{1,2} > 0$，$a_{2,2} > a_{2,1} > 0$。

方程(4-18)可以变形为

$$e^{-2\tau\lambda} \begin{vmatrix} a_{1,1} + \lambda e^{\lambda\tau} & a_{1,2} \\ a_{2,1} & a_{2,2} + \lambda e^{\lambda\tau} \end{vmatrix} = 0$$

或者

$$|T| = 0 \qquad\qquad (4-19)$$

式中

$$T = \begin{bmatrix} \chi_1(\mu) & 1 \\ 1 & \chi_2(\mu) \end{bmatrix}$$

式中，$\chi_1(\mu) = (a_{1,1} + \mu)/a_{1,2}$，$\chi_2(\mu) = (a_{2,2} + \mu)/a_{2,1}$，$\mu = \lambda e^{\lambda\tau}$。令 $\delta(\mu) = |T|$。不难证明，方程(4-19)有两个相异的负根，即 $\delta(\mu_a) = 0$，$\delta(\mu_b) = 0$，其中 $\mu_a < 0$，$\mu_b < 0$ 并且 $\mu_a \neq \mu_b$。不失一般性，假设 $\mu_a < \mu_b$。则方程(4-19)可以写为

$$(\lambda e^{\lambda\tau} - \mu_a)(\lambda e^{\lambda\tau} - \mu_b) = 0 \qquad\qquad (4-20)$$

令 $\omega_a = |\mu_a|$，$\omega_b = |\mu_b|$，$\tau_a = \pi/(2\omega_a)$ 以及 $\tau_b = \pi/(2\omega_b)$。对方程(4-20)的两端同时关于 τ 求导，得到

$$\frac{\mathrm{d}\lambda e^{\lambda\tau}}{\mathrm{d}\tau}(\lambda e^{\lambda\tau} - \mu_b) + \frac{\mathrm{d}\lambda e^{\lambda\tau}}{\mathrm{d}\tau}(\lambda e^{\lambda\tau} - \mu_a) = 0 \qquad\qquad (4-21)$$

将 $\lambda = \omega_a \mathrm{i}$ 和 $\tau = \tau_a$ 代入方程(4-21)，得到

$$\frac{\mathrm{d}\lambda e^{\lambda\tau}}{\mathrm{d}\tau}(\omega_a + \mu_b) = 0$$

由于 $\omega_a + \mu_b \neq 0$，则有：

$$\left.\frac{\mathrm{d}\lambda e^{\lambda\tau}}{\mathrm{d}\tau}\right|_{\tau=\tau_a,\,\lambda=\omega_a i} = 0 \qquad (4-22)$$

将 $\lambda = u + vi$ 代入(4-22)，并注意到如果发生 Hopf 分岔，$u = 0$，$v = \omega_a$，则我们得到

$$\left.\mathrm{Re}\left(\frac{\mathrm{d}\lambda}{\mathrm{d}\tau}\right)\right|_{\tau=\tau_a,\,\lambda=\omega_a i} = \left.\frac{\mathrm{d}u}{\mathrm{d}\tau}\right|_{\tau=\tau_a,\,\lambda=\omega_a i} = \frac{\omega_a^2}{1 + (\pi/2)^2} > 0 \qquad (4-23)$$

很明显，当 $\tau = 0$ 平衡点稳定且 $\tau_a < \tau_b$ 时，对于 $\tau < \tau_a$ 平衡点不会发生稳定性切换。因此，方程(4-23)实际上保证了 Hopf 分岔一定会发生。类似的，我们也可以证明当 $\tau = \tau_b$，λ 的实部关于 τ 的导数也为正值。然而，由于此时平衡点已经失稳，则当 $\tau = \tau_b$ 时系统不再会发生 Hopf 分岔。

因此，我们可以断言，对于系统(4-3)而言，当两个时滞取相同的值时，无论其他参数如何取值，系统最多只会发生 Hopf 分岔，双 Hopf 分岔不会出现。由于抑制周期运动通常比抑制概周期运动相对简单一些，因此，我们建议在设计网络系统时，应尽量避免共用一条链路的用户具有不同的时滞的情况出现。

4.6　结　论

在本章中，我们考虑了一个含两个不同时滞的因特网拥塞控制模型。我们采用双 Hopf 分岔理论来研究模型中可能出现的复杂的动力学行为，即概周期运动。将两个时滞作为分岔参数并利用多尺度方法，获得了平衡

点附近动力学行为的分类，特别是可以从理论上估计两时滞平面上概周期运动存在的区域。分岔图和时间历程图的比较表明理论结果具有较好的精度。

这一理论研究具有一定的重要性和实际意义。首先，我们能够给出使得概周期运动出现的参数的范围。如前所述，在设计拥塞控制算法的时候，我们是不希望看到概周期这种现象的。因此，该理论结果提供了修改参数以消除概周期运动的依据。其次，动力学分类图也为施加控制手段提供了参考。例如，从图4-4中，我们看到在区域D中存在着概周期运动。注意到通常我们很难降低网络数据发送过程中的时滞，但是增加时滞总是容易实现的。根据图4-4，如果我们适当地增加 τ_2 的值而进入C区域，则系统将表现为小振幅高频率的周期运动，从而在一定程度上实现了抑制振荡的目标。当然，这种抑制方案还需要更加详细的研究，因为在两个时滞中选择哪一个来变化并不是随意的，一旦选择错误将产生更加严重的后果。

第5章
含两时滞的一类因特网拥塞控制模型稳定性边界的全局和局部性质

5.1 引 言

如前面所述,在网络拥塞控制问题中,回环时间也就是时滞,是极其重要的一个指标。几乎所有已经建立的网络拥塞控制模型都考虑了时滞的因素[3]。然而,由于路由的可变性和系统参数本身的不确定性,我们很难像控制其他参数那样去控制时滞。尤其是当模型中存在着多个时滞的时候,研究将变得更加困难并因此吸引了一些学者的注意。一方面,在真实的拥塞控制系统中,即使共用一条链路的用户的时滞也有可能是不相同的。例如,当队列中的数据包具有不同的优先级的时候,高优先级的数据包的处理延迟必然低于低优先级数据包的处理延迟。另一方面,一些学者的理论研究表明,当存在多个时滞的时候系统将会出现比周期运动更加复杂的现象,比如概周期运动,而概周期运动可以理解为是由不同频率的周期运动以某种方式复合而成。这便提示我们可以采用双 Hopf 分岔的方法来对多个时滞所引起的复杂动力学现象进行研究。基于这种考虑,Guo 等人研究了一类因特网拥塞控制模型中两个时滞所引起的双 Hopf 分岔现象[30]。然而,上文中有一个问题始终未能得到解决,那就是对于系统

(4-3),两个时滞一定会引起双 Hopf 分岔吗？由于上一章我们固定了除时滞外的所有参数,因此当这些参数变化时,双 Hopf 分岔是否还能存在的确是需要做进一步研究才能回答的。并且,当其他参数变化而双 Hopf 依然分岔发生的时候,在两个时滞所构成的参数平面上,振幅死区,或平衡点局部渐近稳定区域的分布会不会和上文所讨论的情况不同呢？针对第一个问题,我们改进了 Gu 等人[144]的方法来研究当平衡点附近线性化系统的特征值的实部为零时,在时滞所构成的参数平面上特征方程的解曲线的全局性质。对第二个问题,我们将在研究特征方程解曲线全局性质的基础上进一步研究其局部性态。根据本章的研究,对一个二维含两时滞的 Kelly 型拥塞控制模型,不论其他物理参数如何变化,在两时滞参数平面上双 Hopf 分岔一定存在。此外,基于局部化分析,我们发现在所研究的系统中,存在着两种不同的余维三的 tangent 双 Hopf 分岔。

本章各节安排如下：在 5.2 节中我们引入所研究的模型并推导特征方程。5.3 节用来讨论在时滞参数平面上如何确定特征方程解曲线等的全局性质。在 5.4 节中我们将研究在特征方程解曲线上特征根实部穿越虚轴的方向。5.5 节研究一些局部问题,例如作为特征方程解曲线特例的稳定性边界互相交或自相交所引起的两类 tangent 双 Hopf 分岔现象。5.6 节对本章所得到的结果进行讨论和总结。

5.2 模型、平衡点及特征方程

本章将采用和第 4 章相同的模型：

$$\begin{cases} \dot{y}_1(t) = k_1(w_1 - y_1(t-\tau_1)p(y_1(t-\tau_1) + y_2(t-\tau_2))) \\ \dot{y}_2(t) = k_2(w_2 - y_2(t-\tau_2)p(y_1(t-\tau_1) + y_2(t-\tau_2))) \end{cases}$$

式中，$y_i (i=1,2)$ 为用户或节点的数据发送速率；k_i 为（正）增益系数；w_i 为（正）目标参数；τ_i 为回环时间或时滞。与第 4 章相同，惩罚函数或丢包概率函数 $p(x)$ 的形式为 $\theta x / (\theta x + 2(c-x))$，其中，$c$ 为链路的容量，θ 为一个正的常数，可以视为惩罚强度因子。

很容易求出方程（4-1）的正平衡点，即

$$(y_1^*, y_2^*) = \left(\frac{w_1((\theta-2)(w_1+w_2)+\sigma)}{2\theta(w_1+w_2)}, \frac{w_2((\theta-2)(w_1+w_2)+\sigma)}{2\theta(w_1+w_2)} \right)$$

式中，$\sigma = \sqrt{(w_1+w_2)(8c\theta + (\theta-2)^2(w_1+w_2))}$。

可以证明，方程（4-1）的平衡点的数目并不会随参数的变化而变化，因此可以断言该系统并不会发生静态分岔。因此，和第 4 章类似，我们集中精力研究由 Hopf 分岔所引起的稳定性切换现象。为此，将方程（4-1）的两端同时乘以 $\theta(y_1(t-\tau_1)+y_2(t-\tau_2)) + 2(c-(y_1(t-\tau_1)+y_2(t-\tau_2)))$ 并将系统在 (y_1^*, y_2^*) 处线性化。令 $y_i = c_i e^{-\lambda \tau_i} + y_i^*$ $(i=1,2)$，则我们得到如下的特征方程：

$$\lambda^2 + \lambda(a_1 e^{-\lambda \tau_1} + a_2 e^{-\lambda \tau_2}) + a_3 e^{-\lambda \tau_1 - \lambda \tau_2} = 0 \qquad (5-1)$$

式中

$$a_1 = \frac{\theta k_1 (2\sigma w_1 + w_2(\sigma + (\theta-2)(w_1+w_2)))}{(w_1+w_2)(4c\theta + (\theta-2)(\sigma + (\theta-2)(w_1+w_2)))}$$

$$a_2 = \frac{\theta k_1 (2\sigma w_2 + w_1(\sigma + (\theta-2)(w_1+w_2)))}{(w_1+w_2)(4c\theta + (\theta-2)(\sigma + (\theta-2)(w_1+w_2)))}$$

$$a_3 = \frac{2\theta^2 k_1 k_2 (w_1+w_2)(8c\theta + (\theta-2)(\sigma + (\theta-2)(w_1+w_2)))}{4c\theta + (\theta-2)(\sigma + (\theta-2)(w_1+w_2))}$$

可以证明，a_1，a_2 和 a_3 均为正值。以 a_3 为例。欲证明 $a_3 > 0$，在 $4c\theta + (\theta-2)(\sigma + (\theta-2)(w_1+w_2)) \neq 0$ 的情况下，我们只需要证明

$$8c\theta + (\theta - 2)(\sigma + (\theta - 2)(w_1 + w_2)) > 0$$

事实上,我们有:

$$8c\theta + (\theta - 2)(\sigma + (\theta - 2)(w_1 + w_2))$$

$$= \sqrt{8c\theta + (\theta - 2)^2(w_1 + w_2)}((\theta - 2)\sqrt{w_1 + w_2}$$

$$+ \sqrt{8c\theta + (\theta - 2)^2(w_1 + w_2)})$$

$$> \sqrt{8c\theta + (\theta - 2)^2(w_1 + w_2)}((\theta - 2)\sqrt{w_1 + w_2} + \sqrt{(\theta - 2)^2(w_1 + w_2)})$$

$$= \sqrt{8c\theta + (\theta - 2)^2(w_1 + w_2)}((\theta - 2)\sqrt{w_1 + w_2}$$

$$+ |(\theta - 2)\sqrt{w_1 + w_2}|) \geqslant 0$$

此外,注意到 $4c\theta + (\theta - 2)(\sigma + (\theta - 2)(w_1 + w_2)) = 16c^2\theta^2$,我们断言 a_3 的分母不为零。因此,对所有可能的物理参数 a_3 均取正值。对 a_1 和 a_2 我们也有类似的结论。

为了得到 Hopf 分岔引起稳定性切换的条件,我们将 $\lambda = \omega i$ 代入方程 (4-1)中并且分离实虚部,可以得到如下方程

$$re = a_3\cos(\omega(\tau_1 + \tau_2)) + \omega(-\omega + a_1\sin(\omega\tau_1) + a_2\sin(\omega\tau_2)) = 0$$

$$im = a_1\omega\cos(\omega\tau_1) + a_2\omega\cos(\omega\tau_2) - a_3\sin(\omega(\tau_1 + \tau_2)) = 0$$

$$(5-2)$$

式中,re 和 im 为 ω、τ_1 和 τ_2 的函数。在下一节中,我们将研究方程(5-2)的根,并由此得到方程(4-3)发生 Hopf 分岔的必要条件。

5.3 全局性质:方程(5-2)的解

在接下来的讨论中,我们将在 (τ_1, τ_2) 参数平面中研究方程(5-2)的

解曲线。对于含有两个时滞的泛函微分方程，Gu 等人[144]从几何学的角度研究了特征方程的根。对于特征方程中 τ_1 和 τ_2 没有耦合的系统，这种方法是有效的。然而，注意到在方程(5-1)中，$a_3 \mathrm{e}^{-\lambda\tau_1-\lambda\tau_2}$ 的存在使得这种几何化的分析很难应用于本章所考虑的问题。取而代之的，在本章中我们将采用代数的方法对方程(5-2)进行分析。

从方程(5-2)中，在满足 $a_1^2\omega^2 - 2a_1a_3\sin(\omega\tau_2)\omega + a_3^2 \neq 0$ 的前提下，我们可以将 $\sin(\omega\tau_1)$ 和 $\cos(\omega\tau_1)$ 表示成 $\sin(\omega\tau_2)$ 和 $\cos(\omega\tau_2)$ 的函数，如下式：

$$\sin(\omega\tau_1) = \frac{\omega(a_1\omega^2 - (a_1a_2 + a_3)\sin(\omega\tau_2)\omega + a_2a_3)}{a_1^2\omega^2 - 2a_1a_3\sin(\omega\tau_2)\omega + a_3^2}$$

$$\cos(\omega\tau_1) = -\frac{(a_1a_2 - a_3)\cos(\omega\tau_2)\omega^2}{a_1^2\omega^2 - 2a_1a_3\sin(\omega\tau_2)\omega + a_3^2} \tag{5-3}$$

类似地，我们有

$$\sin(\omega\tau_2) = \frac{\omega(a_2\omega^2 - (a_1a_2 + a_3)\sin(\omega\tau_1)\omega + a_1a_3)}{a_2^2\omega^2 - 2a_2a_3\sin(\omega\tau_1)\omega + a_3^2}$$

$$\cos(\omega\tau_2) = -\frac{(a_1a_2 - a_3)\cos(\omega\tau_1)\omega^2}{a_2^2\omega^2 - 2a_2a_3\sin(\omega\tau_1)\omega + a_3^2} \tag{5-4}$$

只要 $a_2^2\omega^2 - 2a_2a_3\sin(\omega\tau_1)\omega + a_3^2 \neq 0$。利用 $\sin(\omega\tau_i)^2 + \cos(\omega\tau_i)^2 = 1$ $(i = 1, 2)$，我们得到：

$$\frac{\omega^4 - 2a_2\sin(\omega\tau_2)\omega^3 - (a_1^2 - a_2^2)\omega^2 + 2a_1a_3\sin(\omega\tau_2)\omega - a_3^2}{a_1^2\omega^2 - 2a_1a_3\sin(\omega\tau_2)\omega + a_3^2} = 0$$

$$\tag{5-5}$$

以及

$$\frac{\omega^4 - 2a_1\sin(\omega\tau_1)\omega^3 + (a_1^2 - a_2^2)\omega^2 + 2a_1a_3\sin(\omega\tau_1)\omega - a_3^2}{a_2^2\omega^2 - 2a_2a_3\sin(\omega\tau_1)\omega + a_3^2} = 0$$

$$\tag{5-6}$$

或者,当 $a_1^2\omega^2 - 2a_1a_3\sin(\omega\tau_2)\omega + a_3^2 \neq 0$, $a_2^2\omega^2 - 2a_2a_3\sin(\omega\tau_1)\omega + a_3^2 \neq 0$ 时,得到与上述两式等价的

$$\omega^4 - 2a_2\sin(\omega\tau_2)\omega^3 - (a_1^2 - a_2^2)\omega^2 + 2a_1a_3\sin(\omega\tau_2)\omega - a_3^2 = 0$$

$$(5-7)$$

以及

$$\omega^4 - 2a_1\sin(\omega\tau_1)\omega^3 + (a_1^2 - a_2^2)\omega^2 + 2a_1a_3\sin(\omega\tau_1)\omega - a_3^2 = 0$$

$$(5-8)$$

从方程(5-7)和(5-8)中,我们可以求出

$$\sin(\omega\tau_1) = \frac{\omega^4 + (a_1^2 - a_2^2)\omega^2 - a_3^2}{2\omega(a_1\omega^2 - a_2a_3)} \qquad (5-9)$$

以及

$$\sin(\omega\tau_2) = \frac{\omega^4 - (a_1^2 - a_2^2)\omega^2 - a_3^2}{2\omega(a_2\omega^2 - a_1a_3)} \qquad (5-10)$$

前提是要满足 $2\omega(a_1\omega^2 - a_2a_3) \neq 0$ and $2\omega(a_2\omega^2 - a_1a_3) \neq 0$。将方程(5-9) 和(5-10)代入方程(5-3)和(5-4),得到:

$$\cos(\omega\tau_1) = -\frac{a_2\omega^2 - a_1a_3}{a_1\omega^2 - a_2a_3}\cos(\omega\tau_2), \ \cos(\omega\tau_2) = -\frac{a_1\omega^2 - a_2a_3}{a_2\omega^2 - a_1a_3}\cos(\omega\tau_1)$$

注意到 $|\sin(\omega\tau_i)| \leqslant 1$ $(i = 1, 2)$,即

$$\left| \frac{\omega^4 + (a_1^2 - a_2^2)\omega^2 - a_3^2}{2\omega(a_1\omega^2 - a_2a_3)} \right| \leqslant 1$$

$$\left| \frac{\omega^4 - (a_1^2 - a_2^2)\omega^2 - a_3^2}{2\omega(a_2\omega^2 - a_1a_3)} \right| \leqslant 1$$

这意味着需要满足下面四个不等式：

$$(\omega - \omega_1)(\omega - \omega_2)(\omega - \omega_3)(\omega - \omega_4)(\omega - \omega_{c,1}) \leqslant 0$$

$$(\omega + \omega_1)(\omega + \omega_2)(\omega + \omega_3)(\omega + \omega_4)(\omega - \omega_{c,1}) \geqslant 0 \tag{5-11}$$

$$(\omega + \omega_1)(\omega - \omega_2)(\omega + \omega_3)(\omega - \omega_4)(\omega - \omega_{c,2}) \leqslant 0$$

$$(\omega - \omega_1)(\omega + \omega_2)(\omega - \omega_3)(\omega + \omega_4)(\omega - \omega_{c,2}) \geqslant 0$$

式中，$\omega_1 = \dfrac{1}{2}(a_1 - a_2 - \sqrt{(a_1 - a_2)^2 + 4a_3})$，$\omega_2 = \dfrac{1}{2}(a_1 + a_2 - \sqrt{(a_1 + a_2)^2 - 4a_3})$，$\omega_3 = \dfrac{1}{2}(a_1 - a_2 + \sqrt{(a_1 - a_2)^2 + 4a_3})$，$\omega_4 = \dfrac{1}{2}(a_1 + a_2 + \sqrt{(a_1 + a_2)^2 - 4a_3})$，$\omega_{c,1} = \sqrt{a_2 a_3 / a_1}$，$\omega_{c,2} = \sqrt{a_1 a_3 / a_2}$。

需要指出的是，在研究方程(5-2)的解的性质时候，确定 $\omega_1, \cdots, \omega_4$ 和 $\omega_{c,1}, \omega_{c,2}$ 这六个量之间的大小关系是至关重要的。为此，我们考虑以下三种情况：$a_1 < a_2$，$a_1 > a_2$ 和 $a_1 = a_2$。我们也将在下面具体的情况分析中讨论非退化条件方程(5-3)~(5-6)。

5.3.1　第一种情况：$a_1 < a_2$

引理 5.1　当 $a_1 < a_2$ 时，下述不等式成立：

$$\omega_1 < 0 < \omega_2 < \omega_3 < \omega_{c,2} < \omega_{c,1} < -\omega_1 < \omega_4 \text{。}$$

证明： 以 ω_2 和 ω_3 为例。首先，可以证明 $a_1 a_2 - a_3 > 0$。这是因为，注意到

$$a_1 a_2 - a_3 = \frac{\theta^2 k_1 k_2 w_1 w_2 (\sigma - (\theta - 2)(w_1 + w_2))^2}{(w_1 + w_2)^2 (4c\theta + (\theta - 2)(\sigma + (\theta - 2)(w_1 + w_2)))^2}$$

式中，$\sigma - (\theta - 2)(w_1 + w_2) = \sqrt{(w_1 + w_2)(8c\theta + (\theta - 2)^2(w_1 + w_2))} - (\theta - 2)(w_1 + w_2) > 0$。则有：

$$\omega_3 - \omega_2 = \frac{1}{2}\left(\sqrt{(a_1+a_2)^2 - 4a_3} + \sqrt{(a_1-a_2)^2 + 4a_3} - 2a_2\right)$$

$$= \frac{\sqrt{(a_1+a_2)^2 - 4a_3}\sqrt{(a_1-a_2)^2 + 4a_3} + a_1^2 - a_2^2}{\sqrt{(a_1+a_2)^2 - 4a_3} + \sqrt{(a_1-a_2)^2 + 4a_3} + 2a_2}$$

$$= \frac{\sqrt{(a_1^2-a_2^2)^2 + 16a_3(a_1a_2 - a_3)} + a_1^2 - a_2^2}{\sqrt{(a_1+a_2)^2 - 4a_3} + \sqrt{(a_1-a_2)^2 + 4a_3} + 2a_2}$$

$$> \frac{\mid(a_1^2 - a_2^2)\mid + a_1^2 - a_2^2}{\sqrt{(a_1+a_2)^2 - 4a_3} + \sqrt{(a_1-a_2)^2 + 4a_3} + 2a_2} \geqslant 0$$

引理的其余部分可用相似的方法加以证明。证毕。

引理 5.2 当 $a_1 < a_2$ 时,满足方程(5-11)的 ω 的区间是 $[\omega_2, \omega_3]$ 和 $[-\omega_1, \omega_4]$。

证明: 逐一验证即可。

用 Ω 来表示所有满足方程(5-2)的 $\omega > 0$ 所构成的集合。根据引理 5.1,当 $a_1 < a_2$ 时,$\Omega = \Omega_1 \bigcup \Omega_2$,其中 $\Omega_1 = [\omega_2, \omega_3]$,$\Omega_2 = [-\omega_1, \omega_4]$。由此,本小节后面的讨论将分为两部分。

1. 子情形 1:$\omega \in \Omega_1$

可以证明,在参数平面 (τ_1, τ_2) 中,方程(5-2)的每一条解曲线都是由无穷多段拼接而成,而组成这些子段的点都是方程(5-2)的解。因此,如同 Gu 等人的研究所表明的,问题的关键就是判断在子段和子段拼接处的连接情况。

首先注意到对于 $\omega = \omega_2$,$\sin(\omega\tau_1) = \sin(\omega\tau_2) = 1$,$\cos(\omega\tau_1) = \cos(\omega\tau_2) = 0$ 以及对 $\omega = \omega_3$,$\sin(\omega\tau_1) = 1$,$\sin(\omega\tau_2) = -1$,$\cos(\omega\tau_1) = \cos(\omega\tau_2) = 0$,并且当 $\omega \in (\omega_2, \omega_3)$ 时 $\cos(\omega\tau_1)$ 和 $\cos(\omega\tau_2)$ 反号。当 ω 从 $\omega = \omega_2$ 开始增加时,将产生方程(5-2)的两段不同的解曲线,即

$$(\tau_1^{k+}(\omega),\ \tau_2^{j+}(\omega)) = \left(\frac{1}{\omega}(2k\pi + \pi - \sin^{-1}(s_1)),\ \frac{1}{\omega}(2j\pi + \sin^{-1}(s_2))\right)$$

$$(\tau_1^{k-}(\omega),\ \tau_2^{j-}(\omega)) = \left(\frac{1}{\omega}(2k\pi + \sin^{-1}(s_1))\right.$$

$$\left.\frac{1}{\omega}(2j\pi + \pi - \sin^{-1}(s_2)))\ (k,\ j \in Z^+ \bigcup \{0\})\right.$$

式中 $s_1 = \dfrac{\omega^4 + (a_1^2 - a_2^2)\omega^2 - a_3^2}{2\omega(a_1\omega^2 - a_2a_3)}$，$s_2 = \dfrac{\omega^4 - (a_1^2 - a_2^2)\omega^2 - a_3^2}{2\omega(a_2\omega^2 - a_1a_3)}$。将 $O_{\omega,k,j}^+$ 和

$O_{\omega,k,j}^-$ 分别定义为 $O_{\omega,k,j}^+ = \{(\tau_1^{k+}(\omega),\ \tau_2^{j+}(\omega))\}$ 以及 $O_{\omega,k,j}^- = \{(\tau_1^{k-}(\omega),\ \tau_2^{j-}(\omega))\}$。进一步，令

$$O_{k,j}^{+1} = \bigcup_{\omega \in \Omega_1} O_{\omega,k,j}^+ = \{(\tau_1^{k+}(\omega),\ \tau_2^{j+}(\omega)) \mid \omega \in \Omega_1\}$$

$$O_{k,j}^{-1} = \bigcup_{\omega \in \Omega_1} O_{\omega,k,j}^- = \{(\tau_1^{k-}(\omega),\ \tau_2^{j-}(\omega)) \mid \omega \in \Omega_1\}$$

$$O_{k,j}^1 = O_{k,j}^{+1} \bigcup O_{k,j}^{-1}$$

可以很容易验证，在 $\omega = \omega_2$ 处，$O_{k,j}^{+1}$ 与 $O_{k,j}^{-1}$ 相连接，而在 $\omega = \omega_3$ 处，$O_{k,j}^{+1}$ 与 $O_{k,j-1}^{-1}$ 相连接。因此，利用 Gu 等人关于"类螺旋线"的定义，我们断言当 $\omega \in \Omega_1$ 时，方程(5-2)的解曲线是垂向的类螺旋线，如图 5-1 所示。

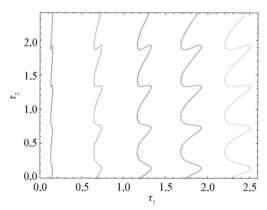

图 5-1　当 $a_1 < a_2$ 且 $\omega \in \Omega_1$ 时，方程(5-2)的解曲线，其中参数取值为
$w_1 = 1,\ w_2 = 4,\ k_1 = 10,\ c = 5,\ \theta = 1,\ k_2 = 15$

2. 子情形 2: $\omega \in \Omega_2$

首先,可以验证,当 $\omega = -\omega_1$ 时,$\sin(\omega\tau_1) = -1$,$\sin(\omega\tau_2) = 1$,$\cos(\omega\tau_1) = \cos(\omega\tau_2) = 0$;当 $\omega = \omega_4$ 时,$\sin(\omega\tau_1) = \sin(\omega\tau_2) = 1$,$\cos(\omega\tau_1) = \cos(\omega\tau_2) = 0$,并且当 $\omega \in (-\omega_1, \omega_4)$ 时,$\cos(\omega\tau_1)$ 和 $\cos(\omega\tau_2)$ 反号。令

$$O_{k,j}^{+2} = \bigcup_{\omega \in \Omega_2} O_{\omega,k,j}^+ = \{(\tau_1^{k+}(\omega), \tau_2^{j+}(\omega)) \mid \omega \in \Omega_2\}$$

$$O_{k,j}^{-2} = \bigcup_{\omega \in \Omega_2} O_{\omega,k,j}^- = \{(\tau_1^{k-}(\omega), \tau_2^{j-}(\omega)) \mid \omega \in \Omega_2\}$$

$$O_{k,j}^2 = O_{k,j}^{+2} \bigcup O_{k,j}^{-2}$$

于是,与对情况 $\omega \in \Omega_1$ 的分析过程类似,对于情况 $\omega \in \Omega_2$,我们断言当 $\omega = -\omega_1$ 时,$O_{k,j}^{+2}$ 与 $O_{k+1,j}^{-2}$ 相连接而当 $\omega = \omega_4$ 时,$O_{k,j}^{+2}$ 与 $O_{k,j}^{-2}$ 相连接。因此,当 $\omega \in \Omega_2$ 时,方程(5-2)的解曲线是水平向的类螺旋线,如图 5-2 所示。

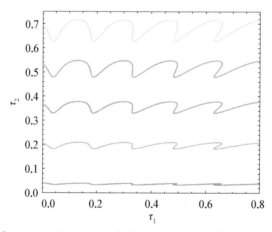

图 5-2 当 $a_1 < a_2$ 且 $\omega \in \Omega_2$ 时,方程(5-2)的解曲线,其中参数取值为 $w_1 = 1$,$w_2 = 4$,$k_1 = 10$,$c = 5$,$\theta = 1$,$k_2 = 15$

5.3.2 第二种情况: $a_1 > a_2$

对于 $a_1 > a_2$,我们有与引理 5.1、引理 5.2 相类似的结论:

引理 5.3　当 $a_1 > a_2$ 时,下述不等式成立 $\omega_1 < 0 < \omega_2 < -\omega_1 < \omega_{c,1} < \omega_{c,2} < \omega_3 < \omega_4$。

证明: 参见引理 5.1 的证明。

引理 5.4　对于 $a_1 > a_2$,满足(5-11)的 ω 的区间是 $[\omega_2, -\omega_1]$ 和 $[\omega_3, \omega_4]$。

证明: 参见引理 5.2 的证明。

换言之,对于 $a_1 > a_2$,我们有 $\Omega_1 = [\omega_2, -\omega_1]$,$\Omega_2 = [\omega_3, \omega_4]$。

1. 子情形 1: $\omega \in \Omega_1$

用 $O_{k,j}^{\pm 1}$ 表示在 5.3.1.1 中所定义的解曲线子段。那么,当 $\omega = \omega_2$ 时,$O_{k,j}^{+1}$ 与 $O_{k+1,j}^{-1}$ 相连接;而当 $\omega = -\omega_1$ 时,$O_{k,j}^{+1}$ 与 $O_{k,j}^{-1}$ 相连接。因此,当 $a_1 > a_2$ 且 $\omega \in \Omega_1$ 时,方程(5-2)的解曲线是水平向的类螺旋线,如图 5-3 所示。

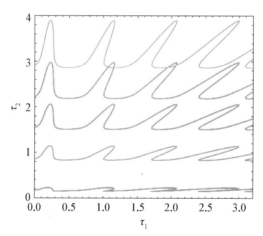

图 5-3　当 $a_1 > a_2$ 且 $\omega \in \Omega_1$ 时,方程(5-2)的解曲线,其中参数取值为 $w_1 = 1$,$w_2 = 4$,$k_1 = 10$,$c = 5$,$\theta = 1$,$k_2 = 4$

2. 子情形 2: $\omega \in \Omega_2$

用 $O_{k,j}^{\pm 2}$ 表示在 5.3.1.2 节中所定义的解曲线子段。则,当 $\omega = \omega_3$ 时,$O_{k,j}^{+2}$ 与 $O_{k,j-1}^{-2}$ 相连接;而当 $\omega = \omega_4$ 时,$O_{k,j}^{+2}$ 与 $O_{k,j}^{-2}$ 相连接。因此,当

$a_1 > a_2$ 且 $\omega \in \Omega_2$ 时,方程(5-2)的解曲线是垂向的类螺旋线,如图 5-4 所示。

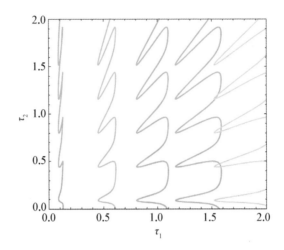

图 5-4 当 $a_1 > a_2$ 且 $\omega \in \Omega_2$ 时,方程(5-2)的解曲线,其中参数取值为 $w_1 = 1$, $w_2 = 4$, $k_1 = 10$, $c = 5$, $\theta = 1$, $k_2 = 4$

需要注意的是,为了使得上述结论成立,一些非退化条件需要满足,即

$$a_3^2 - 2\sin(\omega\tau_2)a_1a_3\omega + a_1^2\omega^2 \neq 0, \tag{5-12}$$

$$a_3^2 - 2\sin(\omega\tau_1)a_2a_3\omega + a_2^2\omega^2 \neq 0, \tag{5-13}$$

$$2a_2a_3\omega - 2a_1\omega^3 \neq 0, \tag{5-14}$$

$$2a_1a_3\omega - 2a_2\omega^3 \neq 0. \tag{5-15}$$

以方程(5-12)和(5-14)为例。只有当 $\sin(\omega\tau_2) = 1$ 且 $\omega = a_3/a_1$ 时,$a_3^2 - 2\sin(\omega\tau_2)a_1a_3\omega + a_1^2\omega^2 = 0$ 成立。然而,可以验证当 $a_1 \neq a_2$,$\sin(\omega\tau_2) = 1$ 且 $\omega = a_3/a_1$ 时,方程(5-2)不能成立。因此,对于 $a_1 \neq a_2$,方程(5-12)一定满足。对于方程(5-14),因为当 $a_1 \neq a_2$ 时,只有 $\omega = \omega_{c,1}$(其中 $\omega_{c,1}$ 不在 Ω_1 或 Ω_2 之中)时,$2a_2a_3\omega - 2a_1\omega^3 = 0$ 才可能成立。因此,我们可以断

言,对于 5.3.1 节和 5.3.2 节所讨论的情况,方程(5-14)一定满足。可以对方程(5-12)和(5-14)作类似的讨论。

5.3.3　第三种情况: $a_1 = a_2$

令 $a_1 = a_2 = a$。可以验证 $\omega_3 = -\omega_1 = \omega_{c,1} = \omega_{c,2}$。用 ω_c 表示它们的公共值,经过计算 $\omega_c = \sqrt{a_3}$。则,对于 $\omega \in [\omega_2, \sqrt{a_3}) \bigcup (\sqrt{a_3}, \omega_4]$,方程 (5-3)和(5-4)依然成立。对于 $\omega = \sqrt{a_3}$ 的情况则要小心处理。因为在这种情况下,方程(5-5)和(5-6)将不再成立,我们必须直接从方程(5-2)入手进行研究。将 $a_1 = a_2 = a$ 代入方程(5-2)得到:

$$2\sqrt{a_3}\sin\left(\frac{1}{2}\omega(\tau_1 - \tau_2)\right)\left(a\cos\left(\frac{1}{2}\omega(\tau_1 - \tau_2)\right)\right.$$
$$\left. -\sqrt{a_3}\sin\left(\frac{1}{2}\omega(\tau_1 - \tau_2)\right)\right) = 0$$
$$2\sqrt{a_3}\cos\left(\frac{1}{2}\omega(\tau_1 - \tau_2)\right)\left(a\cos\left(\frac{1}{2}\omega(\tau_1 - \tau_2)\right)\right.$$
$$\left. -\sqrt{a_3}\sin\left(\frac{1}{2}\omega(\tau_1 - \tau_2)\right)\right) = 0$$

$$(5-16)$$

上述两式平方相加可得

$$a\cos\left(\frac{1}{2}\omega(\tau_1 - \tau_2)\right) - \sqrt{a_3}\sin\left(\frac{1}{2}\omega(\tau_1 - \tau_2)\right) = 0 \qquad (5-17)$$

从方程(5-17)中,我们得知当 $\omega = \sqrt{a_3}$ 时,方程(5-2)也存在着一族解曲线。因此,我们有 $\Omega = \Omega_r \bigcup \Omega_s$,其中 $\Omega_r = [\omega_2, \sqrt{a_3}) \bigcup (\sqrt{a_3}, \omega_4]$,$\Omega_s = \{\sqrt{a_3}\}$。

1. 子情形 1: $\omega \in \Omega_r$

对于 $a_1 = a_2$ 且 $\omega \neq \sqrt{a_3}$,我们可以计算出 $\sin(\omega\tau_1) = \sin(\omega\tau_2) = (\omega^2 + a_3)/(2a\omega)$。注意到由于 $\cos(\omega\tau_1)$ 和 $\cos(\omega\tau_2)$ 符号相反,不难算出此

时(5-2)的解曲线可以表示为

$$O_{k,j}^{+r} = \bigcup_{\omega \in \Omega_r} O_{\omega,k,j}^+ = \{ (\tau_1^{k+}(\omega), \tau_2^{j+}(\omega)) \mid \omega \in \Omega_r \}$$

$$O_{k,j}^{-r} = \bigcup_{\omega \in \Omega_r} O_{\omega,k,j}^- = \{ (\tau_1^{k-}(\omega), \tau_2^{j-}(\omega)) \mid \omega \in \Omega_r \}$$

式中

$$\tau_1^{k+}(\omega) = \frac{(2k\pi + \sin^{-1}((\omega^2 + a_3)/(2a\omega)))}{\omega}$$

$$\tau_2^{j+}(\omega) = \frac{(2j\pi + \pi - \sin^{-1}((\omega^2 + a_3)/(2a\omega)))}{\omega}$$

$$\tau_1^{k-}(\omega) = \frac{(2k\pi + \pi - \sin^{-1}((\omega^2 + a_3)/(2a\omega)))}{\omega}$$

$$\tau_2^{j-}(\omega) = \frac{(2j\pi + \sin^{-1}((\omega^2 + a_3)/(2a\omega)))}{\omega}$$

$(k, j \in Z^+ \bigcup \{0\})$。此外，由于 $\omega = \omega_2$ 和 $\omega = \omega_4$ 时 $\sin(\omega\tau_1) = \sin(\omega\tau_2) = 1$，可以判断出在闭区间 $[\omega_2, \omega_4]$ 的两端 $O_{k,j}^{+r}$ 均与 $O_{k,j}^{-r}$ 相连接。这表明，$O_{k,j}^r = O_{k,j}^{+r} \bigcup O_{k,j}^{-r}$ 构成环，如图5-5所示。

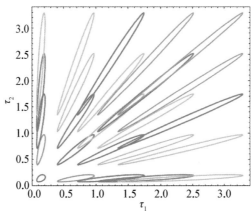

图5-5 当 $a_1 = a_2$ 且 $\omega \in \Omega_r$ 时，方程(5-2)的解曲线，其中参数取值为

$w_1 = 1$，$w_2 = 4$，$k_1 = 10$，$c = 5$，$\theta = 1$，$k_2 = \dfrac{70}{13}$

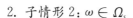

2. 子情形 2：$\omega \in \Omega_s$

如同在 5.3.3 节开始时所讨论的那样，当 $\omega = \sqrt{a_3}$ 时，方程 (5-2) 约化为 (5-17)。令 $\beta = \tau_1 + \tau_2$，并且定义

$$O_k^{+s^1} = \{(\tau_1^{k+}(\beta), \tau_2^{k+}(\beta)) \mid \beta > \beta_{0,1}(k), k = 0, 1, 2, \cdots\}$$

$$O_k^{+s^2} = \{(\tau_2^{k+}(\beta), \tau_1^{k+}(\beta)) \mid \beta > \beta_{0,2}(k), k = 0, 1, 2, \cdots\}$$

$$O_k^{-s^1} = \{(\tau_1^{k-}(\beta), \tau_2^{k-}(\beta)) \mid \beta > \beta_{0,3}(k), k = 1, 2, \cdots\}$$

$$O_k^{-s^2} = \{(\tau_2^{k-}(\beta), \tau_1^{k-}(\beta)) \mid \beta > \beta_{0,4}(k), k = 1, 2, \cdots\}$$

式中

$$\tau_1^{k+}(\beta) = \frac{1}{2}\left[\beta + \frac{4k\pi}{\sqrt{a_3}} + \frac{2}{\sqrt{a_3}}\arccos\left(\frac{\sqrt{a_3}}{a}\sin\left(\frac{\sqrt{a_3}\beta}{2}\right)\right)\right]$$

$$\tau_2^{k+}(\beta) = \frac{1}{2}\left[\beta - \frac{4k\pi}{\sqrt{a_3}} - \frac{2}{\sqrt{a_3}}\arccos\left(\frac{\sqrt{a_3}}{a}\sin\left(\frac{\sqrt{a_3}\beta}{2}\right)\right)\right]$$

$$\tau_1^{k-}(\beta) = \frac{1}{2}\left[\beta + \frac{4k\pi}{\sqrt{a_3}} - \frac{2}{\sqrt{a_3}}\arccos\left(\frac{\sqrt{a_3}}{a}\sin\left(\frac{\sqrt{a_3}\beta}{2}\right)\right)\right]$$

$$\tau_2^{k-}(\beta) = \frac{1}{2}\left[\beta - \frac{4k\pi}{\sqrt{a_3}} + \frac{2}{\sqrt{a_3}}\arccos\left(\frac{\sqrt{a_3}}{a}\sin\left(\frac{\sqrt{a_3}\beta}{2}\right)\right)\right]$$

$$(5-18)$$

此处 $\beta_{0,i}(k)$，$i = 1, 2, 3, 4$，表示在 $O_k^{+s^1}$，$O_k^{+s^2}$，$O_k^{-s^1}$ 和 $O_k^{-s^2}$ 上使得 $\tau_1 \geqslant 0$，$\tau_2 \geqslant 0$ 的最小的 β 值。

可以验证，对于 $k \geqslant 1$，$\{(\tau_1^{k+}(\beta), \tau_2^{k+}(\beta)) \mid \beta > \beta_{0,1}(k)\}$ 不过是 $\{(\tau_1^{0+}(\beta), \tau_2^{0+}(\beta)) \mid \beta > \beta_{0,1}(0)\}$ 的平移。因此，我们只需要考虑 $O_{0,0}^{+s^1}$ 以研究解曲线的几何特性。显然，$\tau_1^{0+}(\beta) - \tau_2^{0+}(\beta)$ 是 β 的周期函数。令 $\beta = j\pi/\omega_c$，则可以得到 $((\tau_1^{0+}(\beta), \tau_2^{0+}(\beta)) \mid \beta > \beta_{0,1}(0))$ 上的点的序列，即

$\{((j+1)\pi/\omega_c, (j-1)\pi/\omega_c)\}$，其中 $j \in Z^+$。这意味着由 $\{(\tau_1^{0+}(\beta), \tau_2^{0+}(\beta)) \mid \beta > \beta_{0,1}(0)\}$ 所构成的曲线是沿着与水平向成 $\pi/4$ 角的轴延伸的类螺旋线，我们称之为对角类螺旋线。对于 $O_k^{+s^2}$，$O_k^{-s^1}$ 和 $O_k^{-s^2}$ 可以做类似的讨论。图 5-6 是对角类螺旋线的一组例子。

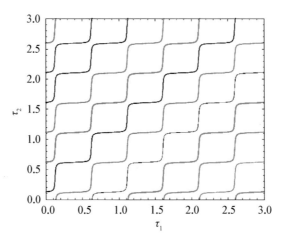

图 5-6　当 $a_1 = a_2$ 且 $\omega \in \Omega_s$ 时，方程（5-2）的解曲线，其中参数取值为 $w_1 = 1$，$w_2 = 4$，$k_1 = 10$，$c = 5$，$\theta = 1$，$k_2 = \dfrac{70}{13}$

需要注意的是环和类螺旋线必然相交，因为 $O_{0,0}^r$ 和 $O_{0,0}^{+s^1}$ 一定会相交。下面来做一个说明。定义 $(\tau_{10}, \tau_{20}) = \Big(\dfrac{\pi + 2\cos(\sqrt{a_3}/a)}{2\sqrt{a_3}},$

$\dfrac{\pi - 2\cos(\sqrt{a_3}/a)}{2\sqrt{a_3}} \Big)$。一方面，当 $(\tau_1(\omega), \tau_2(\omega)) \in O_{0,0}^r$，容易验证 $\lim\limits_{\omega \to \omega_c} \tau_1(\omega) = \tau_{10}$，$\lim\limits_{\omega \to \omega_c} \tau_2(\omega) = \tau_{20}$。另一方面，我们有 $(\tau_{10}, \tau_{20}) \in O_0^{+s^1}$。然而，注意到在 (τ_{10}, τ_{20})，$O_{0,0}^r$ 和 $O_0^{+s^1}$ 并没有真正的相交，因为 (τ_{10}, τ_{20}) 并不在 $O_{0,0}^r$ 上。此时，我们将 $O_0^{+s^1}$ 与 $O_{0,0}^r$ 在 (τ_{10}, τ_{20}) 处的关系定义为伪相交并将 (τ_{10}, τ_{20}) 定义为伪交点。为了计算 $O_0^{+s^1}$ 在 (τ_{10}, τ_{20}) 处的切线，将

$\tau_1(\beta)$ 和 $\tau_2(\beta)$ 关于 β 求导并代入 $\beta = \pi/\omega_c$，得：

$$\left(\frac{\mathrm{d}\tau_1(\beta)}{\mathrm{d}\beta}\right)_{\beta=\frac{\pi}{\sqrt{a_3}}} = \left[\frac{\mathrm{d}}{\mathrm{d}\beta}\left[\frac{\beta}{2} + \frac{1}{\sqrt{a_3}}\arcsin\left(\frac{\sqrt{a_3}}{a}\right)\sin\left(\frac{\sqrt{a_3}\beta}{2}\right)\right]\right]_{\beta=\frac{\pi}{\sqrt{a_3}}}$$

$$= \frac{1}{2},$$

$$\left(\frac{\mathrm{d}\tau_2(\beta)}{\mathrm{d}\beta}\right)_{\beta=\frac{\pi}{\sqrt{a_3}}} = \left[\frac{\mathrm{d}}{\mathrm{d}\beta}\left[\frac{\beta}{2} - \frac{1}{\sqrt{a_3}}\arcsin\left(\frac{\sqrt{a_3}}{a}\right)\sin\left(\frac{\sqrt{a_3}\beta}{2}\right)\right]\right]_{\beta=\frac{\pi}{\sqrt{a_3}}}$$

$$= \frac{1}{2}.$$

因此，$O_0^{+s^1}$ 在 (τ_{10}, τ_{20}) 处的切线是 $\dfrac{\mathrm{d}\tau_1(\beta)}{\mathrm{d}\beta}\Big/\dfrac{\mathrm{d}\tau_2(\beta)}{\mathrm{d}\beta} = 1$。当 $\omega \to \sqrt{a_3}$ 时，可以计算 $O_{0,0}^r$ 的切线的极限为

$$\left(\frac{\mathrm{d}\tau_1(\omega)}{\mathrm{d}\omega}\right)_{\omega\to\sqrt{a_3}} = \left(\frac{\mathrm{d}}{\mathrm{d}\omega}\left(\pi - \arcsin\left(\frac{\omega^2 + a_3}{2a\omega}\right)\right)\right)_{\omega\to\sqrt{a_3}}$$

$$= \frac{1}{a_3}\left[\arcsin\left(\frac{\sqrt{a_3}}{a}\right) - \pi\right],$$

$$\left(\frac{\mathrm{d}\tau_2(\omega)}{\mathrm{d}\omega}\right)_{\omega\to\sqrt{a_3}} = \left(\frac{\mathrm{d}}{\mathrm{d}\omega}\left(\arcsin\left(\frac{\omega^2 + a_3}{2a\omega}\right)\right)\right)_{\omega\to\sqrt{a_3}}$$

$$= -\frac{1}{a_3}\left[\arcsin\left(\frac{\sqrt{a_3}}{a}\right)\right]$$

因此，$\dfrac{\mathrm{d}\tau_1(\omega)}{\mathrm{d}\omega}\Big/\dfrac{\mathrm{d}\tau_2(\omega)}{\mathrm{d}\omega} = \left(\pi - \sin^{-1}\left(\dfrac{\omega^2 + a_3}{2a\omega}\right)\right)\Big/\left(\arcsin\left(\dfrac{\omega^2 + a_3}{2a\omega}\right)\right)$。因为 $\sin^{-1}\left(\dfrac{\omega^2 + a_3}{2a\omega}\right) < \dfrac{\pi}{2}$，我们断言 $\omega \to \omega_c$ 时 $\dfrac{\mathrm{d}\tau_1(\omega)}{\mathrm{d}\omega}\Big/\dfrac{\mathrm{d}\tau_2(\omega)}{\mathrm{d}\omega}$ 的极限大于 1。

这表明类螺旋线在 (τ_{10}, τ_{20}) 将"越过"环。然而注意到环的封闭性和类螺旋线的无穷延伸性,类螺旋线将必然环交于另外一点。由于可以证明对于任意 $\beta > \beta_{0,1}(0)$,$\dfrac{\mathrm{d}\tau_1(\beta)}{\mathrm{d}\beta} > 0$ 且 $\dfrac{\mathrm{d}\tau_2(\beta)}{\mathrm{d}\beta} > 0$,则可以断言该点必然不同于 (τ_{10}, τ_{20})。

5.4 全局性质:穿越方向

在这一部分,我们将研究当 (τ_1, τ_2) 穿过方程(5-2)的解曲线的时候,方程(5-1)的解的实部穿越虚轴的方向。在接下来的讨论中,为方便起见我们将其称为穿越方向。对于一条由 (τ_1, τ_2) 构成的参数化的曲线,定义曲线的正向为使参数增加的方向,在本章中也就是使 ω 或 β 增加的方向。

5.4.1 第一种情况:$a_1 \neq a_2$

将方程(5-1)重写为

$$\chi(\lambda, \tau_1, \tau_2) = 1 + b_1(\lambda)\mathrm{e}^{-\lambda\tau_1} + b_2(\lambda)\mathrm{e}^{-\lambda\tau_2} + b_3(\lambda)\mathrm{e}^{-\lambda(\tau_1+\tau_2)}$$

式中,$b_1(\lambda) = a_1/\lambda$,$a_2(\lambda) = a_2/\lambda$,$b_3(\lambda) = a_3/\lambda^2$。令 $R_0 = \mathrm{Re}\left(\dfrac{\partial\chi(\lambda, \tau_1, \tau_2)}{\partial\lambda}\right)_{\lambda=\omega\mathrm{i}}$,

$I_0 = \mathrm{Im}\left(\dfrac{\partial\chi(\lambda, \tau_1, \tau_2)}{\partial\lambda}\right)_{\lambda=\omega\mathrm{i}}$,$R_1 = \mathrm{Re}\left(\dfrac{\partial\chi(\lambda, \tau_1, \tau_2)}{\mathrm{i}\partial\tau_1}\right)_{\lambda=\omega\mathrm{i}}$,$I_1 = $

$\mathrm{Im}\left(\dfrac{\partial\chi(\lambda, \tau_1, \tau_2)}{\mathrm{i}\partial\tau_1}\right)_{\lambda=\omega\mathrm{i}}$,$R_2 = \mathrm{Re}\left(\dfrac{\partial\chi(\lambda, \tau_1, \tau_2)}{\mathrm{i}\partial\tau_2}\right)_{\lambda=\omega\mathrm{i}}$,$I_2 = \mathrm{Im}\left(\dfrac{\partial\chi(\lambda, \tau_1, \tau_2)}{\mathrm{i}\partial\tau_2}\right)_{\lambda=\omega\mathrm{i}}$。

当 $R_1 I_2 - R_2 I_1 \neq 0$ 时,可以利用隐函数存在定理得到下式:

$$\begin{bmatrix}\partial\tau_1/\partial\omega \\ \partial\tau_2/\partial\omega\end{bmatrix}=\begin{bmatrix}R_1 & R_2 \\ I_1 & I_2\end{bmatrix}^{-1}\begin{bmatrix}R_0 \\ I_0\end{bmatrix}=\frac{1}{R_1I_2-R_2I_1}\begin{bmatrix}R_0I_2-I_0R_2 \\ I_0R_1-R_0I_1\end{bmatrix}$$

$$\begin{bmatrix}\partial\tau_1/\partial\alpha \\ \partial\tau_2/\partial\alpha\end{bmatrix}=\begin{bmatrix}R_1 & R_2 \\ I_1 & I_2\end{bmatrix}^{-1}\begin{bmatrix}I_0 \\ -R_0\end{bmatrix}=\frac{1}{R_1I_2-R_2I_1}\begin{bmatrix}R_0R_2-I_0I_2 \\ -I_0I_1-R_0R_1\end{bmatrix} \quad (5-19)$$

由于 (τ_1,τ_2) 的沿正向的切线是 $(\partial\tau_1/\partial\omega,\partial\tau_2/\partial\omega)$，则与该切线成逆时针 $\pi/2$ 的法向是 $(-\partial\tau_2/\partial\omega,\partial\tau_1/\partial\omega)$。因此，我们可以利用下面的内积来表示穿越方向：

$$\left(-\frac{\partial\tau_2}{\partial\omega},\frac{\partial\tau_1}{\partial\omega}\right)\cdot\left(\frac{\partial\tau_1}{\partial\alpha},\frac{\partial\tau_2}{\partial\alpha}\right)=\left(\frac{\partial\tau_1}{\partial\omega}\frac{\partial\tau_2}{\partial\alpha}-\frac{\partial\tau_2}{\partial\omega}\frac{\partial\tau_1}{\partial\alpha}\right)=\frac{R_0^2+I_0^2}{R_2I_1-R_1I_2}$$

$$(5-20)$$

利用方程 $(5-20)$，当指定了参数曲线的正向以后，便可以知道在曲线上不同的点的穿越方向。假设 $\lambda=\omega i$ 不是方程 $(5-1)$ 的重根。这等价于要求在 $\lambda=\omega i$ 处不出现 1 : 1 共振。因此，$R_0^2+I_0^2\neq0$。此外，$R_2I_1-R_1I_2$ 可以表示为

$$R_2I_1-R_1I_2=\frac{(a_1a_3-a_2\omega^2)\cos(\omega\tau_2)}{\omega} \quad (5-21)$$

接下来，我们将以 $O_{0,0}^1=O_{0,0}^{+1}\bigcup O_{0,0}^{-1}$，$a_1<a_2$ 为例来说明如何利用方程 $(5-21)$ 来判断穿越方向。如前所述，当 ω 从 ω_2 开始增加时，将产生两条不同的解曲线，即 $O_{0,0}^{+1}$ 和 $O_{0,0}^{-1}$。可以证明，对于使得 $|\omega-\omega_2|$ 充分小的 ω，在 $O_{0,0}^{-1}$ 上的 $\tau_2(\omega)$ 必大于 $O_{0,0}^{+1}$ 上的 $\tau_2(\omega)$。随着 ω 的变化，在 $O_{0,0}^{-1}$ 的点向上运动而 $O_{0,0}^{+1}$ 上的点向下运动。换言之，在 $O_{0,0}^{-1}$ 上 $\omega\tau_2>\pi/2$ 而在 $O_{0,0}^{+1}$ 上 $\omega\tau_2<\pi/2$。所以，在 $O_{0,0}^{-1}$ 上 $\cos(\omega\tau_2)<0$ 而在 $O_{0,0}^{+1}$ 上 $\cos(\omega\tau_2)>0$。注意到当 $\omega\in\Omega_1$ 时，$a_1a_3-a_2\omega^2<0$，我们断言在 $O_{0,0}^{+1}$ 上 $\left(-\frac{\partial\tau_2}{\partial\omega},\frac{\partial\tau_1}{\partial\omega}\right)\cdot$

$\left(\dfrac{\partial \tau_1}{\partial \alpha}, \dfrac{\partial \tau_2}{\partial \alpha}\right) > 0$ 而在 $O_{0,0}^{-1}$ 上 $\left(-\dfrac{\partial \tau_2}{\partial \omega}, \dfrac{\partial \tau_1}{\partial \omega}\right) \cdot \left(\dfrac{\partial \tau_1}{\partial \alpha}, \dfrac{\partial \tau_2}{\partial \alpha}\right) < 0$。然而,根据 我们对于正向的规定,除去 $\omega = \omega_2$ 和 $\omega = \omega_3$,在整个 $O_{0,0}^{+1}$ 上的所有点处, 穿越方向都是相同的。

需要指出的是当 $\omega = \omega_2$ 或 $\omega = \omega_3$ 时方程(5-20)的分母为零。然而, 由于在 ω_2 和 ω_3 处,穿越方向可以看作是解曲线上其附近的点的穿越方向 的极限,而除去这两点外解曲线上所有点处穿越方向都是相同的,故可以 断言在这两点处穿越方向将不发生改变。为了提供一些形象的解释,我们 将图 5-1—图 5-4 集中绘制并标出其中的振幅死区(平衡点稳定的区域) 和双 Hopf 分岔点,如图 5-7(a)和(b)所示。

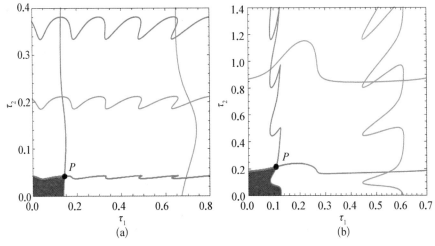

(a)   (b)

图 5-7 振幅死区(灰色区域)和双 Hopf 分岔点(P),
其中(a) $a_1 < a_2$;(b) $a_1 > a_2$

5.4.2 第二种情况: $a_1 = a_2$

1. 子情形 1: $\omega \in \Omega_r$

在这部分,我们将研究环上的穿越方向。以 $O_{0,0}^r$ 为例,对于其他情况 可以作类似的分析。注意到当 $\omega \neq \omega_2$,$\omega \neq \omega_4$ 时,在 $O_{0,0}^r$ 上,我们有 $0 <$

$\sin(\omega\tau_1) = \sin(\omega\tau_2) = (\omega^2 + a_3)/(2a\omega) < 1$，$\cos(\omega\tau_1) = -\cos(\omega\tau_2)$，这表明 $\omega(\tau_1 + \tau_2) = \pi$。此时，$\left(-\dfrac{\partial\tau_2}{\partial\omega}, \dfrac{\partial\tau_1}{\partial\omega}\right) \cdot \left(\dfrac{\partial\tau_1}{\partial\alpha}, \dfrac{\partial\tau_2}{\partial\alpha}\right) = a(a_3 - \omega^2)$ $\cos(\omega\tau_2)/\omega$，因此对于 $\omega \in (\omega_2, \sqrt{a_3})$，穿越方向没有变化，对于 $\omega \in (\sqrt{a_3}, \omega_4)$ 也有类似的结论。然而，当 $\omega \to \sqrt{a_3}$ 时情况则完全不同。注意到 $\lim\limits_{\omega \to \sqrt{a_3}} \sin(\omega\tau_2) = \lim\limits_{\omega \to \sqrt{a_3}} \dfrac{\omega^2 + a_3}{2a\omega} = \dfrac{\sqrt{a_3}}{a} < 1$，则 $\cos(\omega\tau_2)$ 的符号不发生改变，因此当 ω 经过 ω_c 时，$\dfrac{a(a_3 - \omega^2)\cos(\omega\tau_2)}{\omega}$ 将变号。这意味着当 ω 经过 ω_c 的时候穿越方向将发生变化。对于 $\omega = \omega_2$，ω_4 的情况，可以参考上节当 $a_1 \neq a_2$ 时穿越方向的讨论。

注：对于环而言，当我们说穿越方向没有变化，是指对于环上的不同的点而言，穿越方向同为从环的内部到外部或同为从外部到内部。

2. 子情形 2：$\omega \in \Omega_s$

对于所有在 $O_k^{+s^1}$，$O_k^{-s^1}$，$O_k^{+s^2}$ 和 $O_k^{-s^2}$ 上的 (τ_1, τ_2)，可以证明，$R_2 I_1 - R_1 I_2 = a(a_3 - \omega^2)\cos(\omega\tau_2)/\omega = 0$。这表明之前所采用的利用 α 和 ω 对 τ_1 和 τ_2 进行参数化的方法将不再适用。反过来，我们利用 τ_1 和 τ_2 对 α 和 ω 进行参数化，即令 $\alpha = \alpha(\tau_1, \tau_2)$，$\omega = \omega(\tau_1, \tau_2)$ 以及 $\widetilde{R}_1 = \mathrm{Re}\left(\dfrac{\partial\chi(\lambda, \tau_1, \tau_2)}{\partial\tau_1}\right)_{\lambda=\omega i}$，

$\widetilde{I}_1 = \mathrm{Im}\left(\dfrac{\partial\chi(\lambda, \tau_1, \tau_2)}{\partial\tau_1}\right)_{\lambda=\omega i}$，$\widetilde{R}_2 = \mathrm{Re}\left(\dfrac{\partial\chi(\lambda, \tau_1, \tau_2)}{\partial\tau_2}\right)_{\lambda=\omega i}$，$\widetilde{I}_2 =$

$\mathrm{Im}\left(\dfrac{\partial\chi(\lambda, \tau_1, \tau_2)}{\partial\tau_2}\right)_{\lambda=\omega i}$。对方程(5-1)的两端分别关于 τ_1 和 τ_2 求导，得

$$\frac{\partial\chi}{\partial\lambda}\left(\frac{\partial\alpha}{\partial\tau_1} + \mathrm{i}\frac{\partial\omega}{\partial\tau_1}\right) + \frac{\partial\chi}{\partial\tau_1} = 0$$

$$\frac{\partial\chi}{\partial\lambda}\left(\frac{\partial\alpha}{\partial\tau_2} + \mathrm{i}\frac{\partial\omega}{\partial\tau_2}\right) + \frac{\partial\chi}{\partial\tau_2} = 0$$

从上式中通过分离实虚部我们可以解出 $\dfrac{\partial \alpha}{\partial \tau_1}$，$\dfrac{\partial \alpha}{\partial \tau_2}$，$\dfrac{\partial \omega}{\partial \tau_1}$ 和 $\dfrac{\partial \omega}{\partial \tau_2}$，如下所示：

$$\begin{pmatrix} \partial \alpha / \partial \tau_1 \\ \partial \omega / \partial \tau_1 \end{pmatrix} = -\begin{pmatrix} R_0 & -I_0 \\ I_0 & R_0 \end{pmatrix}^{-1} \begin{pmatrix} \widetilde{R}_1 \\ \widetilde{I}_1 \end{pmatrix} = -\frac{1}{R_0^2 + I_0^2} \begin{pmatrix} R_0 \widetilde{R}_1 + I_0 \widetilde{I}_1 \\ -I_0 \widetilde{R}_1 + R_0 \widetilde{I}_1 \end{pmatrix}$$

$$\begin{pmatrix} \partial \alpha / \partial \tau_2 \\ \partial \omega / \partial \tau_2 \end{pmatrix} = -\begin{pmatrix} R_0 & -I_0 \\ I_0 & R_0 \end{pmatrix}^{-1} \begin{pmatrix} \widetilde{R}_2 \\ \widetilde{I}_2 \end{pmatrix} = -\frac{1}{R_0^2 + I_0^2} \begin{pmatrix} R_0 \widetilde{R}_2 + I_0 \widetilde{I}_2 \\ -I_0 \widetilde{R}_2 + R_0 \widetilde{I}_2 \end{pmatrix}$$

$$(5-22)$$

特别地，由方程(5-16)和(5-22)，则有：

$$\frac{\partial \alpha}{\partial \tau_1} = \frac{2a_3^2 - 2aa_3\sqrt{a_3}\sin(\sqrt{a_3}\tau_2)}{a_3^2}$$

$$-\frac{a\tau_2 a_3(a_3(\cos(\sqrt{a_3}\tau_1) - \cos(\sqrt{a_3}\tau_2)) + a\sqrt{a_3}\sin(\sqrt{a_3}(\tau_1 - \tau_2)))}{a_3^2}$$

$$+\frac{\begin{array}{c} a\sqrt{a_3}(-a_3(\sin(\sqrt{a_3}\tau_1) + \sin(\sqrt{a_3}\tau_2)) + \\ a\sqrt{a_3} + a\sqrt{a_3}\cos(\sqrt{a_3}(\tau_1 - \tau_2))) \end{array}}{a_3^2}$$

$$= \frac{2a_3^2 - 2aa_3\sqrt{a_3}\sin(\sqrt{a_3}\tau_2)}{a_3^2}$$

$$+\frac{2aa_3\tau_2 \sin\left(\dfrac{\sqrt{a_3}(\tau_1 - \tau_2)}{2}\right)\left(a_3 \sin\left(\dfrac{\sqrt{a_3}(\tau_1 + \tau_2)}{2}\right) - a\sqrt{a_3}\cos\left(\dfrac{\sqrt{a_3}(\tau_1 - \tau_2)}{2}\right)\right)}{a_3^2}$$

$$+\frac{2a\sqrt{a_3}\cos\left(\dfrac{\sqrt{a_3}(\tau_1 - \tau_2)}{2}\right)\left(-a_3 \sin\left(\dfrac{\sqrt{a_3}(\tau_1 + \tau_2)}{2}\right) + a\sqrt{a_3}\cos\left(\dfrac{\sqrt{a_3}(\tau_1 - \tau_2)}{2}\right)\right)}{a_3^2}$$

$$= \frac{2}{\sqrt{a_3}}(\sqrt{a_3} - a\sin(\sqrt{a_3}\,\tau_2))$$

$$2a\tau_2 a_3^{3/2}\sin\left[\frac{\sqrt{a_3}\,(\tau_1 - \tau_2)}{2}\right]\left[\sqrt{a_3}\sin\left[\frac{\sqrt{a_3}\,(\tau_1 + \tau_2)}{2}\right]\right.$$

$$+ \frac{\left.- a\cos\left[\frac{\sqrt{a_3}\,(\tau_1 - \tau_2)}{2}\right]\right)}{a_3^2}$$

$$2aa_3\cos\left[\frac{\sqrt{a_3}\,(\tau_1 - \tau_2)}{2}\right]\left[-\sqrt{a_3}\sin\left[\frac{\sqrt{a_3}\,(\tau_1 + \tau_2)}{2}\right]\right.$$

$$+ \frac{\left.+ a\cos\left[\frac{\sqrt{a_3}\,(\tau_1 - \tau_2)}{2}\right]\right)}{a_3^2}$$

$$= \frac{2}{\sqrt{a_3}}(\sqrt{a_3} - a\sin(\sqrt{a_3}\,\tau_2)) \tag{5-23}$$

类似地，可以求出

$$\frac{\partial \alpha}{\partial \tau_2} = \frac{2}{\sqrt{a_3}}(\sqrt{a_3} - a\sin(\sqrt{a_3}\,\tau_1)) \tag{5-24}$$

在下面的讨论中，我们将主要关注 $O_k^{+s^1}$，对于其他的情况可以用相同的方法加以研究。从方程(5-18)中，我们可以推出：

$$\sin(\sqrt{a_3}\,\tau_1) = \left[\sqrt{a_3}\,\sin^2\left[\frac{\sqrt{a_3}\,\beta}{2}\right] + \sqrt{a^2 - a_3\sin^2\left[\frac{\sqrt{a_3}\,\beta}{2}\right]}\cos\left[\frac{\sqrt{a_3}\,\beta}{2}\right]\right]/a$$

$$\sin(\sqrt{a_3}\,\tau_2) = \left[\sqrt{a_3}\,\sin^2\left[\frac{\sqrt{a_3}\,\beta}{2}\right] - \sqrt{a^2 - a_3\sin^2\left[\frac{\sqrt{a_3}\,\beta}{2}\right]}\cos\left[\frac{\sqrt{a_3}\,\beta}{2}\right]\right]/a$$

$$\tag{5-25}$$

这意味着当 $\beta \neq \dfrac{(2i-1)\pi}{\sqrt{a_3}}$ 时，

$$\frac{\partial \alpha}{\partial \tau_1} \frac{\partial \alpha}{\partial \tau_2} = \frac{4}{a_3}(\sqrt{a_3} - a\sin(\sqrt{a_3}\tau_2))(\sqrt{a_3} - a\sin(\sqrt{a_3}\tau_1))$$

$$= \frac{2}{a_3}(a_3 - a^2)(1 + \cos(\sqrt{a_3}\beta)) < 0 \qquad (5-26)$$

而当 $\beta = \dfrac{(2i-1)\pi}{\sqrt{a_3}}$，$i \in Z^+$ 时，$\dfrac{\partial \alpha}{\partial \tau_1} \dfrac{\partial \alpha}{\partial \tau_2} = 0$。

也就是说，对于 $\beta \neq \dfrac{(2i-1)\pi}{\sqrt{a_3}}$，$\dfrac{\partial \alpha}{\partial \tau_1} > 0$，$\dfrac{\partial \alpha}{\partial \tau_2} < 0$ 或 $\dfrac{\partial \alpha}{\partial \tau_1} < 0$，$\dfrac{\partial \alpha}{\partial \tau_2} > 0$。

例如，对 $(\tau_1, \tau_2) \in O_0^{+s^1}$ 和 $\beta = \beta_{0,1}(0)$，有 $\tau_2 = \tau_2^{0+}(\beta_{0,1}(0)) = 0$，因此

$$\sin(\sqrt{a_3}\tau_2) = \left[\sqrt{a_3} \sin^2\left(\frac{\sqrt{a_3}\beta_{0,1}(0)}{2}\right) \right.$$

$$\left. - \sqrt{a^2 - a_3 \sin^2\left(\frac{\sqrt{a_3}\beta_{0,1}(0)}{2}\right)} \cos\left(\frac{\sqrt{a_3}\beta_{0,1}(0)}{2}\right) \right] / a$$

$$= 0$$

这等价于

$$\sqrt{a_3} \sin^2\left(\frac{\sqrt{a_3}\beta_{0,1}(0)}{2}\right) - \sqrt{a^2 - a_3 \sin^2\left(\frac{\sqrt{a_3}\beta_{0,1}(0)}{2}\right)} \cos\left(\frac{\sqrt{a_3}\beta_{0,1}(0)}{2}\right) = 0$$

$$(5-27)$$

通过方程 $(5-27)$，我们可以解得 $\left| \cos\left(\dfrac{\sqrt{a_3}\beta_{0,1}(0)}{2}\right) \right| = \sqrt{\dfrac{a_3}{(a^2 + a_3)}}$。根据

$\beta_{0,1}(0)$ 的定义，显然有 $\cos\left(\dfrac{\sqrt{a_3}\beta_{0,1}(0)}{2}\right) = \sqrt{\dfrac{a_3}{(a^2 + a_3)}} > 0$。则，对于 $\beta =$

$\beta_{0,1}(0)$，

$$\frac{\partial \alpha}{\partial \tau_1} = \frac{2}{\sqrt{a_3}}\left(\sqrt{a_3} - a\sin(\sqrt{a_3}\,\tau_2)\right)$$

$$= \frac{2}{\sqrt{a_3}}\left[\sqrt{a_3}\cos^2\left(\frac{\sqrt{a_3}\,\beta_{0,1}(0)}{2}\right)\right.$$

$$\left. - \sqrt{a^2 - a_3\sin^2\left(\frac{\sqrt{a_3}\,\beta_{0,1}(0)}{2}\right)}\cos\left(\frac{\sqrt{a_3}\,\beta_{0,1}(0)}{2}\right)\right] > 0$$

根据方程(5 - 26)，这说明 $\frac{\partial \alpha}{\partial \tau_2} < 0$。当 β 从 $\beta_{0,1}(0)$ 开始增加，一直到

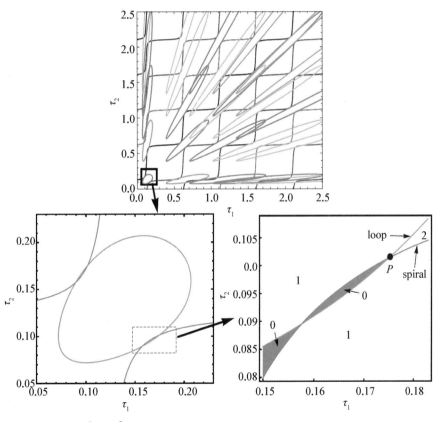

图 5 - 8　$O_0^{+s^1}$，$O_0^{+s^2}$ 和 $O_{0,0}^r$ 交点处的局部性质，其中 $w_1 = 1$，$w_2 = 4$，$k_1 = 10$，

$c = 5$，$\theta = 1$，$k_2 = \dfrac{70}{13}$，图中的数字表示系统(4 - 1)实部大于零的特

征根的个数，在深色区域内平衡点稳定，P 表示双 Hopf 分岔点

$\dfrac{(2i-1)\pi}{\sqrt{a_3}}$ 的第一个点 $(i \in Z^+)$，也就是 $\dfrac{\pi}{\sqrt{a_3}}$ 时，这个结论依然成立。

当 $\beta = \dfrac{\pi}{\sqrt{a_3}}$ 时，可以证明 $\cos\left(\dfrac{\sqrt{a_3}\beta}{2}\right) = 0$，$\sin(\sqrt{a_3}\tau_1) = \sin(\sqrt{a_3}\tau_2) =$

$\sqrt{a_3}/a$ 因此 $\dfrac{\partial\alpha}{\partial\tau_1} = \dfrac{\partial\alpha}{\partial\tau_2} = 0$。进一步的，当 β 越过 $\dfrac{\pi}{\sqrt{a_3}}$ 时，注意到 $\dfrac{\partial\alpha}{\partial\tau_1} \cdot \dfrac{\partial\alpha}{\partial\tau_2} \leqslant$

0 以及 $\dfrac{\partial\alpha}{\partial\tau_1} - \dfrac{\partial\alpha}{\partial\tau_2} = \dfrac{4}{\sqrt{a_3}}\sqrt{a^2 - a_3\sin^2\left(\dfrac{\sqrt{a_3}\beta}{2}\right)}\cos\left(\dfrac{\sqrt{a_3}\beta}{2}\right)$ 将会变号，我们

断言 $\dfrac{\partial\alpha}{\partial\tau_1}$ 和 $\dfrac{\partial\alpha}{\partial\tau_2}$ 将交换符号。图 5-8 提供了上述讨论的一个形象说明。

5.5 局部性质：方程(5-2)解曲线的互相交与自相交

在这一部分,我们将展示一些方程(5-2)的解曲线的局部性质。这些结果主要以算例和图像的方式加以展示。

5.5.1 当 a_1 接近 a_2 时的局部性质

考察 $a_1 \neq a_2$ 时的水平向和垂向的类螺旋线如何转变为 $a_1 = a_2$ 时对角类螺旋线和环,将是一个值得研究的问题。在本节中我们不进行详尽的理论推导,而是利用图像来进行解释。例如,令 $w_1 = 1$，$w_2 = 4$，$k_1 = 10$，$c = 5$，$\theta = 1$。将这些值代入 $a_1 = a_2$，解得 $k_2 = 70/13 \approx 5.3846$。则图 5-9(a)~(c)可以提供关于当参数变化时,水平向、垂向类螺旋线与对角螺旋线、环之间转变过程的形象说明,其中 k_2 取值在 5.3846 附近,也就是 a_1 接近 a_2。

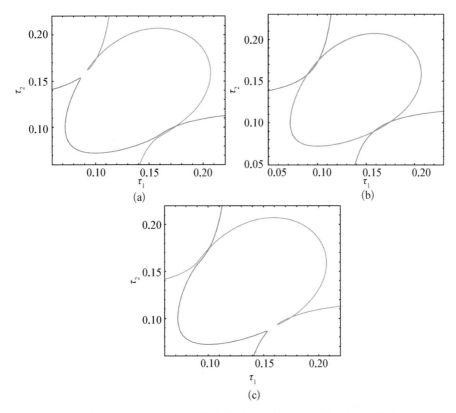

图 5-9　特征方程几种不同类型的解曲线之间转化过程的示意图,其中 $w_1 = 1$, $w_2 = 4$, $k_1 = 10$, $c = 5$, $\theta = 1$ 以及 (a) $k_2 = 5.393$ $(a_1 < a_2)$, (b) $k_2 = 5.384\,62$ $(a_1 = a_2)$, (c) $k_2 = 5.375$ $(a_1 > a_2)$

5.5.2　第一类 tangent 双 Hopf 分岔

在这部分,我们将关注在图 5-9(a) 和图 5-9(c) 中所观察到的扭结的形成过程。这种扭结可以看作是图 5-9(a) 中的垂向类螺旋线 $O_{0,0}^1$ 或图 5-9(c) 中的水平向类螺旋线 $O_{0,0}^1$ 自相交的结果。然而,当 k_2 超出 5.384 6 较多时,从图 5-1 中可以观察到,$O_{0,0}^1$ 上并不存在扭结。基于以上观察,我们断言扭结是在一条类螺旋线上的两段开始相切时产生的。

下面,我们将使用一个例子来说明如何确定出现扭结的参数的临界值,此处关心的参数为 k_2 , τ_1 及 τ_2 。除 k_2 , τ_1 , τ_2 以外的所有的物理参数的取值和上一节的算例相同。考虑 $a_1 < a_2$ 及 $O_{0,0}^1$,为了确定 k_2 的临界值,我们可以补充如下方程:

$$\frac{\mathrm{d}\tau_1(\omega, k_2)}{\mathrm{d}\omega} = 0 \quad \frac{\mathrm{d}\tau_2(\omega, k_2)}{\mathrm{d}\omega} = 0 \qquad (5-28)$$

上述方程的正确性可以解释如下:如果在类螺旋线的两个子段的接触点处 $\dfrac{\mathrm{d}\tau_1(\omega, k_2)}{\mathrm{d}\omega}$ 和 $\dfrac{\mathrm{d}\tau_2(\omega, k_2)}{\mathrm{d}\omega}$ 中至少有一个不为零,则在接触点附近 τ_i 可

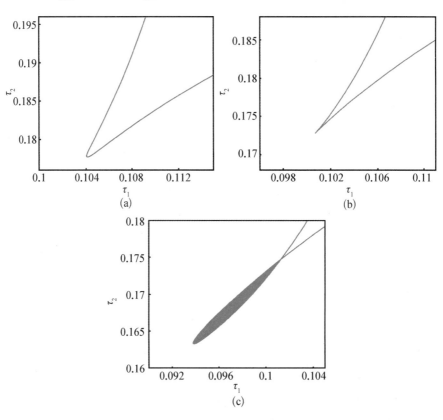

图 5‑10 扭结的产生及 tangent 双 Hopf 分岔点形成的过程,其中 $w_1 = 1$, $w_2 = 4$, $k_1 = 10$, $c = 5$, $\theta = 1$ 以及(a) $k_2 = 5.6$,(b) $k_2 = 5.5024$,(c) $k_2 = 5.4$ 。(c)中的阴影区域表示平衡点稳定区域

以表示为 τ_{3-i} 的函数,那么类螺旋线便不可能自相交。

要注意的是,在临界值处,(τ_1, τ_2) 为 1 : 1 共振双 Hopf 分岔点。由于在本算例中,该分岔点是由同一条解曲线上的两个子段相切产生的,我们称这种分岔为第一类 tangent 双 Hopf 分岔。图 5-10 展示了这一分岔产生的过程。

5.5.3　第二类 tangent 双 Hopf 分岔

在所考虑的模型中还存在着另一种 tangent 双 Hopf 分岔。当某个参数变化的时候,两条 Hopf 分岔曲线从远离,相切,到相交,我们称在这个过程所发生的双 Hopf 分岔为第二类 tangent 双 Hopf 分岔。例如,图 5-11 便给出了一个方程(4-3)中由 τ_1,τ_2 和 k_2 所引起的 tangent 双 Hopf 的例子。

Marques 等人[145]最早报道了关于这一类 tangent 双 Hopf 分岔的研究。他们认为这是一类余维三分岔,并用数值方法研究了这种分岔的基本性质。在本节中,我们希望能够进行理论研究以求对 tangent 双 Hopf 分岔有更进一步的认识。为此,我们采用多尺度方法来尝试在参数空间中对系统发生 tangent 双 Hopf 分岔时的动力学进行分类。首先,需要确定发生 tangent 双 Hopf 分岔时参数的临界值。这里我们假设第一类和第二类 tangent 双 Hopf 分岔不会同时发生,则不失一般性设 $\dfrac{\mathrm{d}\tau_2(\omega, k_2)}{\mathrm{d}\omega} \neq 0$。将 re 和 im 分别重写为 $re(\omega, \tau_1, \tau_2, k_2)$ 和 $im(\omega, \tau_1, \tau_2, k_2)$。将 $\tau_1 = \tau_1(\tau_2)$,$\omega_a = \omega_a(\tau_2)$ 和 $\tau_1 = \tau_1(\tau_2)$,$\omega_b = \omega_a(\tau_2)$ 分别代入 $re(\omega, \tau_1, \tau_2, k_2) = 0$,$im(\omega, \tau_1, \tau_2, k_2) = 0$,得到关于 k_2,$\tau_1(\tau_2)$,τ_2,$\omega_a(\tau_2)$ 和 $\omega_b(\tau_2)$ 的方程,其中 ω_a,ω_b 表示在两条 Hopf 线的交点处第一条和第二条 Hopf 分岔线对应的频率。为了确定全部的五个未知量,显然还需要一个补充方程。将 $re(\omega_a(\tau_2), \tau_1(\tau_2), \tau_2, k_2)$ 和 $im(\omega_a(\tau_2), \tau_1(\tau_2), \tau_2, k_2)$ 关于 τ_2

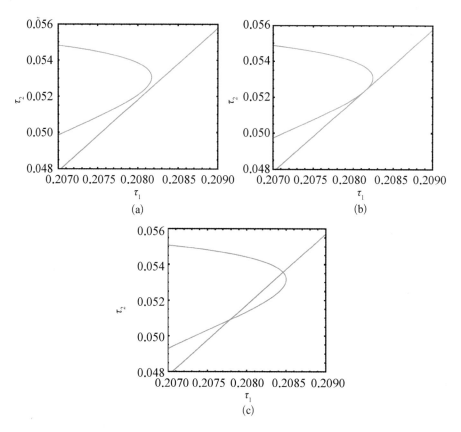

图 5‑11 第二类 tangent 双 Hopf 分岔示意图,其中 $w_1 = 1$, $w_2 = 1.5$, $k_1 = 10$, $c = 5$, $\theta = 0.5$ 以及 (a) $k_2 = 20.351$, (b) $k_2 = 20.3444$, (c) $k_2 = 20.32$

求偏导,我们得到两条关于 $\dfrac{\mathrm{d}\omega_a}{\mathrm{d}\tau_2}$ 和 $\left(\dfrac{\mathrm{d}\tau_1}{\tau_2}\right)_{\omega_a}$ 的方程,其中下标表示该表达式是在 $\omega = \omega_a$ 处赋值。同样,我们也可以得到两条关于 $\dfrac{\mathrm{d}\omega_b}{\mathrm{d}\tau_2}$ 和 $\left(\dfrac{\mathrm{d}\tau_1}{\tau_2}\right)_{\omega_b}$ 的方程。从这四条方程中解得 $\left(\dfrac{\mathrm{d}\tau_1}{\tau_2}\right)_{\omega_a}$ 和 $\left(\dfrac{\mathrm{d}\tau_1}{\tau_2}\right)_{\omega_b}$,则当 tangent 双 Hopf 分岔发生时,显然有 $\left(\dfrac{\mathrm{d}\tau_1}{\tau_2}\right)_{\omega_a} - \left(\dfrac{\mathrm{d}\tau_1}{\tau_2}\right)_{\omega_b} = 0$,这便是我们需要的补充方程。至此

我们已经可以确定出三个参数 k_2，τ_1 和 τ_2 的临界值，即 $k_{c,2}$，$\tau_{c,1}$ 和 $\tau_{c,2}$。例如，考虑如下情况：$w_1=1$，$w_2=1.5$，$k_1=10$，$c=5$，$\theta=0.5$，则可以求出 $\omega_a=8.2031$，$\omega_b=32.634$，$\tau_{c,1}=0.2081$，$\tau_{c,1}=0.052$，$k_{c,2}=2.0344$。

与第 4 章类似，我们采用多尺度方法通过求解振幅-频率方程来研究系统发生高余维分岔时动力学分类的问题。此处方法与上一章所使用的略有不同，这里稍作介绍。令 $k_2=k_{c,2}+\varepsilon k_{\varepsilon,2}$，$\tau_1=\tau_{c,1}+\varepsilon\tau_{\varepsilon,1}$，$\tau_2=\tau_{c,2}+\varepsilon\tau_{\varepsilon,2}$ 以及

$$x_1(t)=\varepsilon x_{1,1}(T_0,T_1,T_2,\cdots)+\varepsilon^2 x_{1,2}(T_0,T_1,T_2,\cdots)+\cdots$$
$$x_2(t)=\varepsilon x_{2,1}(T_0,T_1,T_2,\cdots)+\varepsilon^2 x_{2,2}(T_0,T_1,T_2,\cdots)+\cdots$$

式中，$x_i(t)=y_i(t)-y_i^*$，$i=1,2$，$T_k=\varepsilon^k t$，$k=0,1,2,\cdots$。将时滞项 $x_{i,j}(T_0-\tau_{i,c}-\varepsilon\tau_{i,\varepsilon},T_1-\varepsilon(\tau_{i,c}-\varepsilon\tau_{i,\varepsilon}),\cdots)$ 在 $(T_0-\tau_{i,c},T_1,T_2,\cdots)$ 处展成 Taylor 级数，其中，$i=1,2$ 及 $j=1,2,\cdots$。进一步，令

$$\begin{aligned}
x_{1,1}(T_0,T_1,T_2,\cdots)=&A_{1,1,1}(T_1,T_2,\cdots)\sin(\omega_a T_0)\\
&+B_{1,1,1}(T_1,T_2,\cdots)\cos(\omega_a T_0)\\
&+C_{1,1,1}(T_1,T_2,\cdots)\sin(\omega_b T_0)\\
&+D_{1,1,1}(T_1,T_2,\cdots)\cos(\omega_b T_0)\\
x_{2,1}(T_0,T_1,T_2,\cdots)=&A_{2,1,1}(T_1,T_2,\cdots)\sin(\omega_a T_0)\\
&+B_{2,1,1}(T_1,T_2,\cdots)\cos(\omega_a T_0)\\
&+C_{2,1,1}(T_1,T_2,\cdots)\sin(\omega_b T_0)\\
&+D_{2,1,1}(T_1,T_2,\cdots)\cos(\omega_b T_0)\quad(5-29)\\
x_{1,2}(T_0,T_1,T_2,\cdots)=&A_{1,2,2}(T_1,T_2,\cdots)\sin(2\omega_a T_0)\\
&+B_{1,2,2}(T_1,T_2,\cdots)\cos(2\omega_a T_0)\\
&+C_{1,2,2}(T_1,T_2,\cdots)\sin(2\omega_b T_0)
\end{aligned}$$

$$+D_{1,2,2}(T_1, T_2, \cdots)\cos(2\omega_b T_0)$$
$$+A_{1,2,1}(T_1, T_2, \cdots)\sin(\omega_a T_0)$$
$$+B_{1,2,1}(T_1, T_2, \cdots)\cos(\omega_a T_0)$$
$$+C_{1,2,1}(T_1, T_2, \cdots)\sin(\omega_b T_0)$$
$$+D_{1,2,1}(T_1, T_2, \cdots)\cos(\omega_b T_0)$$
$$+E_{1,2,1}(T_1, T_2, \cdots)\sin(\omega_a+\omega_b)T_0$$
$$+F_{1,2,1}(T_1, T_2, \cdots)\cos(\omega_a+\omega_b)T_0$$
$$+E_{1,2,2}(T_1, T_2, \cdots)\sin(\omega_a-\omega_b)T_0$$
$$+F_{1,2,2}(T_1, T_2, \cdots)\cos(\omega_a-\omega_b)T_0$$
$$+NH_1(T_1, T_2, \cdots), \tag{5-30}$$

以及

$$x_{2,2}(T_0, T_1, T_2, \cdots) = A_{2,2,2}(T_1, T_2, \cdots)\sin(2\omega_a T_0)$$
$$+B_{2,2,2}(T_1, T_2, \cdots)\cos(2\omega_a T_0)$$
$$+C_{2,2,2}(T_1, T_2, \cdots)\sin(2\omega_b T_0)$$
$$+D_{2,2,2}(T_1, T_2, \cdots)\cos(2\omega_b T_0)$$
$$+A_{2,2,1}(T_1, T_2, \cdots)\sin(\omega_a T_0)$$
$$+B_{2,2,1}(T_1, T_2, \cdots)\cos(\omega_a T_0)$$
$$+C_{2,2,1}(T_1, T_2, \cdots)\sin(\omega_b T_0)$$
$$+D_{2,2,1}(T_1, T_2, \cdots)\cos(\omega_b T_0)$$
$$+E_{2,2,1}(T_1, T_2, \cdots)\sin(\omega_a+\omega_b)T_0$$
$$+F_{2,2,1}(T_1, T_2, \cdots)\cos(\omega_a+\omega_b)T_0$$
$$+E_{2,2,2}(T_1, T_2, \cdots)\sin(\omega_a-\omega_b)T_0$$
$$+F_{2,2,2}(T_1, T_2, \cdots)\cos(\omega_a-\omega_b)T_0$$
$$+NH_2(T_1, T_2, \cdots), \tag{5-31}$$

式中，$X_{2,1,1}$，$Y_{1,2,2}$，$Y_{2,2,2}$，$Y_{1,2,1}$，$Y_{2,2,1}$，NH_1 和 NH_2 可以表示为

$X_{1,1,1}$ 的多项式函数,其中 $X = A$,B,C,D,$Y = A$,B,C,D,E,F 及 $Z = E$,F。这里 $NH_i(T_1, T_2, \cdots)$,$i = 1, 2$ 的出现是由于系统的平方非线性所引起的偏心。$X_{1,2,1}$ 和 $X_{2,2,1}$ 的作用是消除长期项,对于这样一个仅有两条方程的低维系统我们采用与第 3 章相类似的办法来获得可解性条件。

将方程(5 - 29)~(5 - 31)代入平衡点平移后的系统,可以得到 $\partial X_{1,1,1}/\partial T_i$ 关于 $A_{1,1,1}$,$B_{1,1,1}$,$C_{1,1,1}$ 和 $D_{1,1,1}$ 的表达式,其中,$X = A$,B,C,D,$i = 1, 2, \cdots$。再将这些表达式代入以下方程:

$$\dot{A}_{1,1,1} = \varepsilon D_1 A_{1,1,1} + \varepsilon^2 D_2 A_{1,1,1} + \cdots,$$

$$\dot{B}_{1,1,1} = \varepsilon D_1 B_{1,1,1} + \varepsilon^2 D_2 B_{1,1,1} + \cdots,$$

$$\dot{C}_{1,1,1} = \varepsilon D_1 C_{1,1,1} + \varepsilon^2 D_2 C_{1,1,1} + \cdots,$$

$$\dot{D}_{1,1,1} = \varepsilon D_1 D_{1,1,1} + \varepsilon^2 D_2 D_{1,1,1} + \cdots,$$

式中"."表示对时间求导,$D_i = \mathrm{d}/\mathrm{d}T_i$。令 $A_{1,1,1} = R_1(t)\cos(\varphi(t))$,$B_{1,1,1} = R_1(t)\sin(\varphi(t))$,$C_{1,1,1} = R_2(t)\cos(\psi(t))$,$D_{1,1,1} = R_2(t)\sin(\psi(t))$,得到

$$\begin{cases} \varepsilon \dot{R}_1(t) = r_1(\varepsilon R_1(t)) + r_2(\varepsilon R_1(t))(\varepsilon R_2(t))^2 + r_3(\varepsilon R_1(t))^3 + \cdots, \\ \varepsilon \dot{R}_2(t) = r_4(\varepsilon R_2(t)) + r_5(\varepsilon R_2(t))(\varepsilon R_1(t))^2 + r_6(\varepsilon R_2(t))^3 + \cdots. \end{cases}$$

$$(5 - 32)$$

为简化后面的分析,我们在 $o(\varepsilon^3)$ 量级上对方程(5 - 32)做截断。考虑如下情况:$w_1 = 1$,$w_2 = 1.5$,$k_1 = 10$,$c = 5$,$\theta = 0.5$,则方程(5 - 32)右端的系数可以确定为

$$r_1 = 0.236k_{\varepsilon,2} + 0.135k_{\varepsilon,2}^2 + 20.06\tau_{\varepsilon,1} + 5.51k_{\varepsilon,2}\tau_{\varepsilon,1} - 144.7\tau_{\varepsilon,1}^2$$

$$- 5.06\tau_{\varepsilon,2} - 2.114k_{\varepsilon,2}\tau_{\varepsilon,2} + 35.14\tau_{\varepsilon,1}\tau_{\varepsilon,2} - 5.496\tau_{\varepsilon,2}^2,$$

$$r_2 = -2.8752,$$

$$r_3 = -0.0147,$$

$$r_4 = 18.837k_{\varepsilon,2} - 12.021\,2k_{\varepsilon,2}^2 + 95.726\tau_{\varepsilon,1} - 339.766k_{\varepsilon,2}\tau_{\varepsilon,1}$$

$$-1\,596.22\tau_{\varepsilon,1}^2 - 25.503\,4\tau_{\varepsilon,2} + 827.025k_{\varepsilon,2}\tau_{\varepsilon,2}$$

$$+2\,725.7\tau_{\varepsilon,1}\tau_{\varepsilon,2} + 2\,193.73\tau_{\varepsilon,2}^2,$$

$$r_5 = -0.099,$$

$$r_6 = -45.180\,6.$$

根据方程(5-32),对三种不同的情况 $k_2 > k_{c,2}$, $k_2 = k_{c,2}$, $k_2 < k_{c,2}$, 通过令 $r_1 = 0$, $r_4 = 0$ 可以重新得到两条 Hopf 分岔线,分别由图 5-12 中

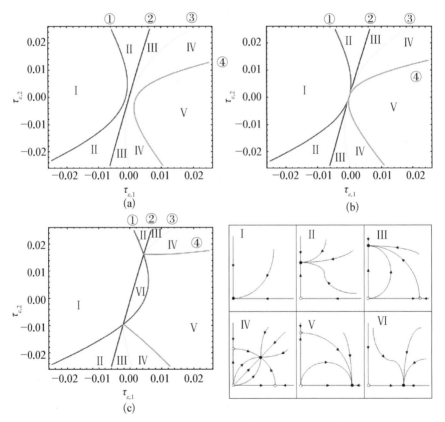

图 5-12 在 $\tau_{\varepsilon,1}$, $\tau_{\varepsilon,2}$ 组成的平面上,通过多尺度方法得到的平衡点附近的 动力学行为的分类图,其中 $w_1 = 1$, $w_2 = 1.5$, $k_1 = 10$, $c = 5$, $\theta = 0.5$ 以及 (a) $k_{\varepsilon,2} = 0.056$, (b) $k_{\varepsilon,2} = 0$, (c) $k_{\varepsilon,2} = -0.0244$, 蓝线(②)和红线(①)表示 Hopf 分岔曲线,黄线(③)和绿线(④)表 示二次分岔曲线,在本算例中为 Neimark-Sacker 分岔曲线

的蓝(②)线与红(①)线及图 5 - 13 中的蓝色曲面与红色曲面表示。根据分岔理论,我们知道在参数空间中一些二次分岔边界将会出现,分别由图 5 - 12 中的黄线(③)与绿线(④)及图 5 - 13 中的黄色曲面(Ⅲ)与绿色曲面(Ⅳ)表示。

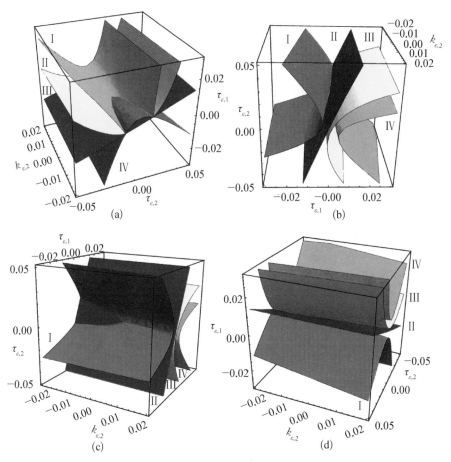

图 5 - 13　在 $\tau_{\varepsilon,1}$, $\tau_{\varepsilon,2}$, $k_{\varepsilon,2}$ 组成的参数空间中,通过多尺度方法得到的平衡点附近的动力学行为的分类图,其中 $w_1 = 1$, $w_2 = 1.5$, $k_1 = 10$, $c = 5$, $\theta = 0.5$, 蓝色曲面(Ⅱ)和红色曲面(Ⅰ)表示 Hopf 分岔边界,黄色曲面(Ⅲ)和绿色曲面(Ⅳ)表示 Neimark - Sacker 分岔边界。(a)~(d)为从不同角度观察到的分类图

需要强调的是,在本节研究中所使用的多尺度方法仅适用于非共振和弱共振双 Hopf 分岔问题的研究。而第一类 tangent 双 Hopf 分岔属于

1：1共振双 Hopf 分岔,而这种分岔一般被认为是高余维的强共振问题。关于这种分岔的定性研究目前还不是很完善,因此我们把利用渐近方法对第一类 tangent 双 Hopf 分岔进行非线性分析作为以后的工作。

5.6 结 论

通过本节的研究,我们可以发现,无论其他参数如何取值,在(τ_1,τ_2)参数平面上一定存在双 Hopf 分岔点。

当$a_1 < a_2$时,很明显垂向类螺旋线$\bigcup\limits_{i=0,1,\cdots} O_{k,i}^1$与任何一条水平向类螺旋线$\bigcup\limits_{i=0,1,\cdots} O_{i,j}^2$必然相交。注意到当$\tau_1 = 0$,$\tau_2 = 0$时,平衡点稳定,则根据 5.4 节中对于穿越方向的分析,我们断言$\bigcup\limits_{i=0,1,\cdots} O_{0,i}^1$和$\bigcup\limits_{i=0,1,\cdots} O_{i,0}^2$的交点即是一个双 Hopf 分岔点。类似地,我们也可以证明,当$a_1 > a_2$时$\bigcup\limits_{i=0,1,\cdots} O_{i,0}^1$和$\bigcup\limits_{i=0,1,\cdots} O_{0,i}^2$的交点也是一个双 Hopf 分岔点。

当$a_1 = a_2$时,如前所述,当β从$\beta_{0,1}(0)$开始增加时,$O_0^{+s^1}$和$O_{0,0}^r$的第一个交点并不是双 Hopf 分岔点。然而,注意到只要在所遇到的交点处$\dfrac{\partial \alpha}{\partial \tau_1} \cdot \dfrac{\partial \alpha}{\partial \tau_2} = 0$,则随着$\beta$的增加,振幅死区总会出现在$O_0^{+s^1}$的某一侧,因此不难证明,$O_0^{+s^1}$和$O_{i,j}^r$的第一个满足$\dfrac{\partial \alpha}{\partial \tau_1} \cdot \dfrac{\partial \alpha}{\partial \tau_2} \neq 0$的交点即为双 Hopf 分岔点。根据 5.3 节和 5.4 节的讨论,这样的交点一定存在。

因此,无论其他物理参数的值是多少,仅由两个时滞便足以引起双 Hopf 分岔。由于双 Hopf 分岔会引起概周期或周期解多稳态等现象,而这些现象对于网络拥塞控制系统的稳定性是非常不利的,特别是其中的概周期运动,将可能导致网络系统出现混沌现象。同时,我们也观察到了一些更加复杂的非线性动力学现象,如两种 tangent 双 Hopf 分岔,这表明当系统中存在两个时滞的时候,对系统的动力学分类将非常困难。

　　根据本章的研究和讨论,我们可以注意到不同 Hopf 分岔线的交点,或同一条 Hopf 分岔线自相交的交点距离直线 $\tau_1 = \tau_2$ 较远。这意味着在 $\tau_1 = \tau_2$ 附近双 Hopf 分岔将不会发生。事实上,第 4 章即已证明过,只要方程(4-3)中只出现一个时滞,当平衡点失稳时系统只会出现由 Hopf 分岔所导致的周期运动。在实际的拥塞控制问题中,比起抑制由双 Hopf 分岔所引起的概周期运动,抑制由 Hopf 分岔所引起的周期运动总是相对容易的。因此,基于本章的研究,我们再一次建议在设计网络时,要尽量避免可能导致共用一条链路的用户出现不同延迟的因素出现,如为不同的用户指定不同的优先级等。

第6章
环形网络的拥塞控制中时滞所诱发的振荡

6.1 引 言

在前面几章中,我们研究了简单拓扑结构(也就是所有的用户共用一条链路的情况)中不同类型的时滞(定常时滞、周期时滞、多时滞),对于系统的稳定性及动力学行为的影响。在本章中,我们将研究时滞对于具有非简单拓扑结构的网络拥塞控制模型的稳定性有怎样的影响。

在最初的研究中,人们希望能够通过理论研究来设计出适用于各种不同拓扑结构的、使得用户平稳发包状态为全局渐近稳定的拥塞控制器[3, 146]。然而,事实表明,这种努力是不够成功的。换言之,拥塞控制算法的稳定性似乎和网络拓扑结构有十分密切的关系,也就是说,很有必要研究拓扑结构的变化对于拥塞控制算法稳定性的影响。然而,在目前的研究中,作者们关注的大多是低维或简单拓扑的情况,对于高维或非简单拓扑的问题的关注有些不足。

一般来说,在因特网的背景下,有以下几种典型的拓扑结构,即:点-点(point-to-point),总线(bus),星形(star),环形(ring),网格形(mesh),树形(tree)[147]。在本章的研究中,我们关注的是环形网络。一方面,环形拓扑结构是非简单拓扑中相对简单的一种,因此我们有可能对其进行理论分析从而得到一些定性的结果。另一方面,在因特网中,环形网络也是比较常见的,特别是在某些局域网和校园网中。纤维分布数据界面(Fiber Distributed Date Interface,FDDI)网络也属于环网。

除了关注拓扑结构的影响之外,我们还重点关注时滞对于系统稳定性的影响。一方面,与许多物理参数和算法参数不同,时滞是一个难以控制的参量,因此有必要研究参数不确定性对系统性质的影响。另一方面,根据已有的研究,在低维系统中,时滞是可以引起稳定性切换等动力学现象的,因此研究在高维系统特别是具有非简单拓扑结构的系统中时滞是否也可以诱发类似的现象将是有意义的。

在本章中,我们考虑一个 n 维的带有环形拓扑的拥塞控制模型来研究网络系统中时滞诱发的稳定性切换现象。我们采用 Hopf 分岔理论和多尺度方法来研究时滞所引起的网络振荡。研究结果表明,同简单拓扑的情形类似,较大的时滞可以使得网络出现周期振荡。此外,较大的传输距离和较小的链路容量也是引起用户发包速率出现振荡的可能的原因。

本章安排如下。在 6.2 节中,我们提出研究所采用的模型。在 6.3 中,我们对该模型的平衡点及其稳定性进行分析。在接下来的一节中,我们利用多尺度方法求得系统因时滞所引起的 Hopf 分岔而产生的周期解。在 6.5 节中,我们讨论了系统的稳定性和其他参数之间的关系,特别是和表征拓扑结构的参数之间的关系。最后一节是本章的结论。

6.2　环形网络的拥塞控制模型

我们考虑一个 n 维的具有环形物理拓扑结构(即表示节点间的物理连接)的拥塞控制模型来研究网络的振荡问题,如图 6-1 所示。

给定图 6-1 所示的物理拓扑结构,有多种逻辑拓扑结构可与之对应。所谓逻辑拓扑,是将从源端到目的地所经过的所有链路全部列出的列表或图示。我们考虑一种简单的情况,即在我们所研究的网络系统中有 n 个用户和 n 个链路且所有的用户均使用 m 个相连的链路来发送数据包。这种情况可以视作是对以下问题的近似,即在网络中每个用户所使用的链路的数量的期望为 m 而方差接近零。图 6-2 展示了该模型的逻辑拓扑结构。

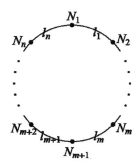

图 6-1 所考虑系统的物理拓扑结构

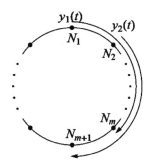

图 6-2 以图 6-1 中所示的物理拓扑结构为基础的逻辑拓扑示例

假设 $m \leqslant n-1$。换言之,我们不考虑一个用户向自身发出传输请求的情况。另外,假定对于各个用户来说参数都是相同的。则模型可以写为

$$\dot{y}_1(t) = k(w - y_1(t - 2m\tau) \cdot (p(y_1(t - 2m\tau)$$
$$+ y_n(t - (2m+1)\tau) + \cdots + y_{n-(m-2)}(t - (3m-1)\tau))$$
$$+ p(y_2(t - (2m-1)\tau) + y_1(t - 2m\tau) + \cdots$$
$$+ y_{n-(m-3)}(t - (3m-2)\tau))$$
$$\vdots$$
$$+ p[y_m(t - (m+1)\tau) + y_{m-1}(t - (m+2)\tau)$$
$$+ \cdots + y_1(t - 2m\tau)])),$$
$$\dot{y}_2(t) = k(w - y_2(t - 2m\tau) \cdot (p(y_2(t - 2m\tau)$$
$$+ y_1(t - (2m+1)\tau) + \cdots + y_{n-(m-3)}(t - (3m-1)\tau))$$

$$+ p\big[y_3(t-(2m-1)\tau) + y_2(t-2m\tau) + \cdots$$
$$+ y_{n-(m-4)}(t-(3m-2)\tau)\big]$$
$$\vdots$$
$$+ p\big[y_{m+1}(t-(m+1)\tau) + y_m(t-(m+2)\tau)$$
$$+ \cdots + y_2(t-2m\tau)\big]))$$
$$\vdots$$
$$\dot{y}_n(t) = k(w - y_n(t-2m\tau) \cdot (p(y_n(t-2m\tau)$$
$$+ y_{n-1}(t-(2m+1)\tau) + \cdots + y_{n-(m-1)}(t-(3m-1)\tau))$$
$$+ p(y_1(t-(2m-1)\tau) + y_n(t-2m\tau) + \cdots$$
$$+ y_{n-(m-2)}(t-(3m-2)\tau))$$
$$\vdots$$
$$+ p(y_{m-1}(t-(m+1)\tau) + y_{m-2}(t-(m+2)\tau) + \cdots$$
$$+ y_n(t-2m\tau)) \tag{6-1}$$

式中,各参数的物理意义与前面几章相同。τ 为图 6-2 中从一个节点到另一个节点传输的时滞。$p(x)$ 的形式也和前述相同,即 $\theta\sigma^2 x/(\theta\sigma^2 x + 2(c - x))$。本章中 $\theta\sigma^2$ 取为 0.5。为了形象地理解这个模型,我们举一个例子。考虑由路由器构成的网络。则 n 表示用户的数量,也表示路由器的数量,m 则描述了数据包从源端到目的地经路由器中转的次数,也就是所谓的跳数(hop)。模型中时滞项的构成我们参考了文献[146]。

6.3　平衡点稳定性分析

需要指出的是方程(6-1)可能会有许多平衡点。然而,注意到方程(6-1)的对称性,我们来寻找满足 $y_1 = y_2 = \cdots = y_n = y^*$ 的平衡点。因

此,我们有:

$$w = y^* m p(m y^*)$$

能够验证,当 $\tau = 0$ 时该平衡点是稳定的。令 $x_i = y_i - y^*$,其中 $i = 1$,2,$\cdots$,n,将其代入方程(6-1)并保留线性部分,得到:

$$
\begin{aligned}
\dot{x}_1(t) = & -k((m p(m y^*) + y^* m p'(m y^*)) x_1(t - 2m\tau) \\
& + (m-1) y^* p'(m y^*)(x_2(t - (2m-1)\tau) \\
& + x_n(t - (2m+1)\tau)) + (m-2) y^* p'(m y^*) \\
& (x_3(t - (2m-2)\tau) + x_{n-1}(t - (2m+2)\tau)) \\
& \vdots \\
& + y^* p'(m y^*)(x_m(t - (m+1)\tau) \\
& + x_{n-(m-2)}(t - (3m-1)\tau))),
\end{aligned}
$$

$$
\begin{aligned}
\dot{x}_2(t) = & -k((m p(m y^*) + y^* m p'(m y^*)) x_2(t - 2m\tau) \\
& + (m-1) y^* p'(m y^*)(x_3(t - (2m-1)\tau) \\
& + x_1(t - (2m+1)\tau)) + (m-2) y^* p'(m y^*) \\
& (x_4(t - (2m-2)\tau) + x_n(t - (2m+2)\tau)) \\
& \vdots \\
& + y^* p'(m y^*)(x_{m+1}(t - (m+1)\tau) \\
& + x_{n-(m-3)}(t - (3m-1)\tau))) \\
& \cdots,
\end{aligned}
$$

$$
\begin{aligned}
\dot{x}_n(t) = & -k((m p(m y^*) + y^* m p'(m y^*)) x_n(t - 2m\tau) \\
& + (m-1) y^* p'(m y^*)(x_1(t - (2m-1)\tau) \\
& + x_{n-1}(t - (2m+1)\tau)) \\
& + (m-2) y^* p'(m y^*)(x_2(t - (2m-2)\tau) \\
& + x_{n-2}(t - (2m+2)\tau))
\end{aligned}
$$

$$\vdots$$

$$+ y^* p'(my^*)(x_{m-1}(t-(m+1)\tau)$$

$$+ x_{n-(m-1)}(t-(3m-1)\tau)))$$

线性系统的特征值由如下的方程确定：

$$\det(M_a) = 0$$

式中

$$M_a = \begin{pmatrix} a_{1,1} & a_{1,2} & \cdots & a_{1,n-1} & a_{1,n} \\ a_{2,1} & a_{2,2} & \cdots & a_{2,n-1} & a_{2,n} \\ \vdots & \vdots & \ddots & \vdots & \vdots \\ a_{n,1} & a_{n,2} & \cdots & a_{n,n-1} & a_{n,n} \end{pmatrix}$$

这里

$$a_{1,1} = a_{2,2} = a_{n,n} = \lambda + k(mp(my^* + y^* mp'(my^*)))e^{-2m\lambda\tau}$$

$$a_{1,2} = a_{n,1} = (m-1)ky^* p'(my^*)e^{-(2m-1)\lambda\tau}$$

$$a_{1,n-1} = a_{2,n} = (m-2)ky^* p'(my^*)e^{-(2m+2)\lambda\tau}$$

$$a_{1,n} = a_{2,1} = a_{n,n-1} = (m-1)ky^* p'(my^*)e^{-(2m+1)\lambda\tau}$$

$$a_{2,n-1} = (m-3)ky^* p'(my^*)e^{-(2m+3)\lambda\tau}$$

$$a_{n,2} = (m-2)ky^* p'(my^*)e^{-(2m-2)\lambda\tau}$$

将 M_a 的每一列加到第一列，得到：

$$\begin{vmatrix} a & a_{1,2} & \cdots & a_{1,n-1} & a_{1,n} \\ a & a_{2,2} & \cdots & a_{2,n-1} & a_{2,n} \\ \vdots & \vdots & \ddots & \vdots & \vdots \\ a & a_{n,2} & \cdots & a_{n,n-1} & a_{n,n} \end{vmatrix} = 0,$$

也即 $a \cdot \det(\overline{M}_a) = 0$，其中

$$a = \lambda + k((mp(my^*) + my^*p'(my^*))\mathrm{e}^{-2m\lambda\tau} + y^*p'(my^*) \cdot$$

$$((m-1)\mathrm{e}^{-(2m-1)\lambda\tau} + (m-2)\mathrm{e}^{-(2m-2)\lambda\tau} + \cdots + \mathrm{e}^{-(m+1)\lambda\tau}$$

$$+ (m-1)\mathrm{e}^{-(2m+1)\lambda\tau} + (m-2)\mathrm{e}^{-(2m+2)\lambda\tau} + \cdots + \mathrm{e}^{-(3m-1)\lambda\tau}))$$

以及

$$\overline{M}_a = \begin{pmatrix} 1 & a_{1,2} & \cdots & a_{1,n-1} & a_{1,n} \\ 1 & a_{2,2} & \cdots & a_{2,n-1} & a_{2,n} \\ \vdots & \vdots & \ddots & \vdots & \vdots \\ 1 & a_{n,2} & \cdots & a_{n,n-1} & a_{n,n} \end{pmatrix}$$

a 的表达式可以做进一步的化简。即

$$a = \lambda + k((mp(my^*) + my^*p'(my^*))\mathrm{e}^{-2m\lambda\tau}$$

$$+ my^*p'(my^*)\mathrm{e}^{-(m+1)\lambda\tau}(1 + 2\mathrm{e}^{-\lambda\tau} + \cdots + (m-1)\mathrm{e}^{-(m-2)\lambda\tau})$$

$$+ my^*p'(my^*)\mathrm{e}^{-(3m-1)\lambda\tau}(1 + 2\mathrm{e}^{\lambda\tau} + \cdots + (m-1)\mathrm{e}^{(m-2)\lambda\tau}))$$

注意到

$$1 + 2r + 3r^2 + \cdots + (m-1)r^{m-2} = \frac{1 + (mr - m - r)r^{m-1}}{(r-1)^2}$$

则得到下式：

$$a = \frac{1}{\mathrm{e}^{\lambda\tau}(\mathrm{e}^{-\lambda\tau} - 1)^2}(mk\mathrm{e}^{-2m\lambda\tau}(\mathrm{e}^{\lambda\tau}(\mathrm{e}^{-\lambda\tau} - 1)^2(p(my^*) + y^*p'(my^*)))$$

$$+ k\mathrm{e}^{-2m\lambda\tau}y^*p'(my^*)(2m - 2 - m\mathrm{e}^{\lambda\tau} - m\mathrm{e}^{-\lambda\tau} + \mathrm{e}^{m\lambda\tau} + \mathrm{e}^{-m\lambda\tau})$$

$$+ \mathrm{e}^{\lambda\tau}(\mathrm{e}^{-\lambda\tau} - 1)^2)$$

为了进行下面的讨论，先假设

$$\det(\bar{M}_a) \neq 0. \tag{6-2}$$

将 $\lambda = \omega \mathrm{i}$ 代入 $a = 0$，我们能够得到 Hopf 分岔发生时可能的临界时滞。注意到，通常该方程是难以解析的求解的。然而，通过观察并经数值模拟验证，我们发现临界时滞与对应的频率满足如下的关系

$$\tau_c = \frac{\pi}{4\omega m} \tag{6-3}$$

为了获得 ω 的表达式，将 $(6-3)$ 代入 $a = 0$，得到

$$\omega = -\frac{1}{4}\csc\left(\frac{\pi}{8m}\right)^2 \left(\frac{8(-2+\sqrt{2})(-3w+\sqrt{w(16c+9w)})ck}{m(8c+9w-3\sqrt{w(16c+9w)})}\right.$$

$$\left.-\frac{4(3w-\sqrt{w(16c+9w)})\sin\left(\frac{\pi}{8m}\right)km}{-8c-9w+3\sqrt{w(16c+9w)}}\right) \tag{6-4}$$

之后，通过方程 $(6-3)$，我们便可以计算出临界时滞 τ_c 的值。需要强调的是严格的证明方程 $(6-2)$，$(6-3)$ 和 $(6-4)$ 是很困难的。但是数值结果表明由 $(6-3)$ 和 $(6-4)$ 所确定的 τ_c 和 ω 的确是我们所寻找的在 Hopf 分岔发生的临界情况下的时滞及频率。对不同的 m 值我们给出一组例子，如图 $6-3(a)$，图 $6-3(b)$，图 $6-3(c)$ 和图 $6-3(d)$ 所示。

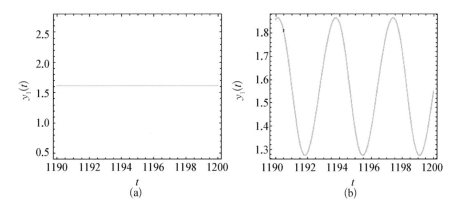

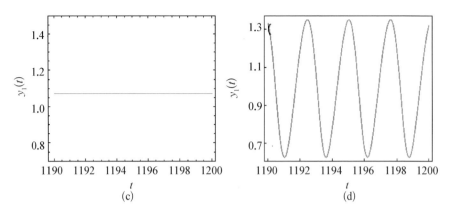

图 6-3 利用时间历程图验证方程(6-3)和(6-4)，其中(a) $m = 2$, $\tau = 0.215$, (b) $m = 2$, $\tau = 0.225$, (c) $m = 3$, $\tau = 0.095$, (d) $m = 3$, $\tau = 0.105$。时滞临界值的理论估计值在 $m = 2$ 时为 0.220 936，在 $m = 3$ 时为 0.098 65。所有算例中 c 的值均是 5

6.4 利用多尺度方法研究 时滞诱发的周期运动

在这一节中，我们通过一个例子来说明如何利用多尺度方法来计算方程(6-1)经 Hopf 分岔而产生的周期解。令 $n = 8$, $m = 3$, $k = 1$, $w = 1$ 以及 $c = 5$。则网络的拓扑结构如图 6-4 所示。

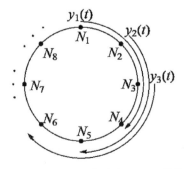

图 6-4 $n = 8$, $m = 3$ 时，方程(6-1)的物理和逻辑拓扑结构

此时网络的逻辑拓扑结构可以由下面的连接矩阵表示

$$
T = \begin{pmatrix}
1 & 1 & 1 & 0 & 0 & 0 & 1 & 1 \\
1 & 1 & 1 & 1 & 0 & 0 & 0 & 1 \\
1 & 1 & 1 & 1 & 1 & 0 & 0 & 0 \\
0 & 1 & 1 & 1 & 1 & 1 & 0 & 0 \\
0 & 0 & 1 & 1 & 1 & 1 & 1 & 0 \\
0 & 0 & 0 & 1 & 1 & 1 & 1 & 1 \\
1 & 0 & 0 & 0 & 1 & 1 & 1 & 1 \\
1 & 1 & 0 & 0 & 0 & 1 & 1 & 1
\end{pmatrix}
$$

式中

$$
T_{i,j} = \begin{cases} 1 & \text{如果用户 } j \text{ 使用链路 } i \\ 0 & \text{其他} \end{cases}
$$

从方程 $(6-3)$ 和 $(6-4)$ 中，我们能够求出此时 $\tau_c = 0.098\,65$ 以及 $\omega = 2.653\,8$。对时滞进行摄动，即令 $\tau = \tau_c + \varepsilon\tau_\varepsilon$。将系统在平衡点附近线性化，也就是令 $X(t) = Y(t) - Y^*$，其中 $X = \{x_1(t), x_2(t), \cdots, x_8(t)\}^T$，$Y = \{y_1(t), y_2(t), \cdots, y_8(t)\}^T$。因此原系统可以重写为

$$
\dot{X}(t) = F(X(t-4\tau), X(t-5\tau), \cdots, X(t-8\tau)) \qquad (6-5)
$$

假设分岔周期解具有如下形式：

$$
X(t) = X(T_0, T_1, T_2, \cdots) = \sum_{i=1} \varepsilon^i X_i(T_0, T_1, T_2, \cdots) \quad (6-6)
$$

式中，$X_i = \{X_{1,i}, X_{2,i}, \cdots, X_{8,i}\}^T$，$i = 1, 2, \cdots$ 以及 $T_k = \varepsilon^k t$，$k = 0, 1, 2, \cdots$。将方程 $(6-6)$ 代入 $(6-5)$。时滞项的处理与前面各章相同。则，在 $o(\varepsilon)$ 量级，则有：

$$D_0 X_1(T_0, T_1, T_2, \cdots) + J_4 X_1(T_0 - 4\tau_c, T_1, T_2, \cdots)$$
$$+ J_5 X_1(T_0 - 5\tau_c, T_1, T_2, \cdots) + \cdots$$
$$+ J_8 X_1(T_0 - 8\tau_c, T_1, T_2, \cdots) = 0$$

式中，$D_0 = \mathrm{d}/\mathrm{d}T_0$，对 $i = 4, 5, \cdots, 8$，J_i 均是 8×8 的矩阵。则 $X_1(t)$ 的解可以设为如下形式：

$$X_1(T_0, T_1, T_2, \cdots) = A_{1,1}(T_1, T_2, \cdots)\sin(\omega T_0)$$
$$+ B_{1,1}(T_1, T_2, \cdots)\cos(\omega T_0) \qquad (6\text{-}7)$$

式中，$A_{1,1} = \{A_{1,1,1}, A_{2,1,1}, \cdots, A_{8,1,1}\}^T$，$B_{1,1} = \{B_{1,1,1}, B_{2,1,1}, \cdots, B_{8,1,1}\}^T$。

事实上，只要给出 τ_c 和其所对应的 ω，我们便可以确定 $A_{1,1}$ 和 $B_{1,1}$ 的各个分量之间的关系。就本例来说，我们有 $A_{1,1,1} = A_{2,1,1} = \cdots = A_{8,1,1}$，$B_{1,1,1} = B_{2,1,1} = \cdots = B_{8,1,1}$。将方程 $(6\text{-}7)$ 代入 $(6\text{-}5)$ 并考虑在 $o(\varepsilon^2)$ 量级上所得到的方程，则有：

$$D_0 X_2(T_0, T_1, T_2, \cdots) + J_4 X_2(T_0 - 4\tau_c, T_1, T_2, \cdots)$$
$$+ J_5 X_2(T_0 - 5\tau_c, T_1, T_2, \cdots)$$
$$+ \cdots + J_8 X_2(T_0 - 8\tau_c, T_1, T_2, \cdots) + Q(T_0, T_1, T_2, \cdots)$$
$$+ K_1(T_0, T_1, T_2, \cdots)\sin(\omega T_0) + L_1(T_0, T_1, T_2, \cdots)\cos(\omega T_0)$$
$$+ K_2(T_0, T_1, T_2, \cdots)\sin(2\omega T_0)$$
$$+ L_2(T_0, T_1, T_2, \cdots)\cos(2\omega T_0) = 0$$

这里我们利用谐波平衡原理来得到 $X_2(T_0, T_1, T_2, \cdots)$ 的如下形式的解：

$$X_2(T_0, T_1, T_2, \cdots) = NH(T_0, T_1, T_2, \cdots)$$
$$+ A_{2,1}(T_1, T_2, \cdots)\sin(\omega T_0)$$
$$+ B_{2,1}(T_1, T_2, \cdots)\cos(\omega T_0)$$

$$+A_{2,2}(T_1,\ T_2,\ \cdots)\sin(2\omega T_0)$$

$$+B_{2,2}(T_1,\ T_2,\ \cdots)\cos(2\omega T_0)$$

式中，$A_{2,1}=\{A_{1,2,1},\ A_{2,2,1},\ \cdots,\ A_{8,2,1}\}^T$，$B_{2,1}=\{B_{1,2,1},\ B_{2,2,1},\ \cdots,$ $B_{8,2,1}\}^T$，$A_{2,2}=\{A_{1,2,2},\ A_{2,2,2},\ \cdots,\ A_{8,2,2}\}^T$，$B_{2,2}=\{B_{1,2,2},$ $B_{2,2,2},\ \cdots,\ B_{8,2,2}\}^T$。注意到 NH，$A_{2,2}$ 和 $B_{2,2}$ 均可以表示为 $A_{1,1,1}$ 和 $B_{1,1,1}$ 的函数。$A_{2,1}$ 和 $B_{2,1}$ 的出现是为了获得可解性条件。为了得到不含长期项的解，在每条方程中 $\sin(\omega T_0)$ 和 $\cos(\omega T_0)$ 的系数应为零。于是，我们得到：

$$J\cdot E=\boldsymbol{G}(A_{1,1,1},\ B_{1,1,1},\ D_1A_{1,1,1},\ D_1B_{1,1,1})$$

式中，$\boldsymbol{E}=\{A_{2,1}^T,\ B_{2,1}^T\}^T$，$\boldsymbol{G}$ 是一个 16×1 的向量，而 $\boldsymbol{J}$ 是一个 16×16 的矩阵且秩为 14。由 Fredholm 择一性原理，我们可以得到下面的方程

$$\xi^T\cdot\boldsymbol{G}=0\quad\zeta^T\cdot\boldsymbol{G}=0\qquad\qquad(6\text{-}8)$$

式中，$\boldsymbol{\xi}$ 和 $\boldsymbol{\zeta}$ 是 $\boldsymbol{J}^T$ 的零空间的基向量。求解 $(6\text{-}8)$，我们可以得到以 $A_{1,1,1}$ 和 $B_{1,1,1}$ 表示的 $D_1A_{1,1,1}$ 和 $D_1B_{1,1,1}$ 的表达式，这里 $D_1=\mathrm{d}/\mathrm{d}T_1$。

　　类似的，我们还可求得以 $A_{1,1,1}$ 和 $B_{1,1,1}$ 表示的 $D_iA_{1,1,1}$ 和 $D_iB_{1,1,1}$ 的表达式，此处 $i=2,3,\ \cdots,\ D_i=\mathrm{d}/\mathrm{d}T_i$。则有：

$$\frac{\mathrm{d}A_{1,1,1}}{\mathrm{d}t}=\varepsilon D_1A_{1,1,1}+\varepsilon^2 D_2A_{1,1,1}+\cdots$$
$$\frac{\mathrm{d}B_{1,1,1}}{\mathrm{d}t}=\varepsilon D_1B_{1,1,1}+\varepsilon^2 D_2B_{1,1,1}+\cdots \qquad(6\text{-}9)$$

进行坐标变换，即令 $A_{1,1,1}=R(t)\cos(\varphi(t))$，$B_{1,1,1}=R(t)\sin(\varphi(t))$。如果我们寻求的是到 ε 三阶的近似解，则可以得到如下的方程：

$$\begin{cases} \varepsilon\dot{R}(t) = (\varepsilon R(t))(r_1 + r_3(\varepsilon R(t))^2) \\ \dot{\varphi}(t) = r_0 + r_2(\varepsilon R(t))^2 \end{cases} \qquad (6-10)$$

就本例而言,方程(6-10)中的各个系数为 $r_0 = (-18.96 - 132.1\varepsilon\tau_\varepsilon)\varepsilon\tau_\varepsilon$, $r_1 = (11.77 - 318.8\varepsilon\tau_\varepsilon)\varepsilon\tau_\varepsilon$, $r_2 = -0.855$, $r_3 = -0.6427$。

从方程(6-10)中,我们可以得到一个分岔周期解的近似表达式从而可以将其与数值结果进行比较。在图6-5(a)和图6-5(b)中我们给出了用两种方法得到的时间历程图和分岔图。比较的结果表明,多尺度方法具有较高的精度。

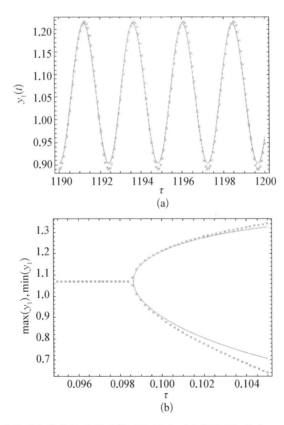

(a)

(b)

图6-5 理论结果和数值结果的比较,通过(a) 时间历程图,其中 $\tau = 0.1$ 和(b) 分岔图。在两张图中,实线表示多尺度方法的结果,"×"表示数值结果

6.5　讨论: m 和 c 的影响

从 6.3 节的讨论中可以看出,Hopf 分岔的临界边界是由以下的参数共同确定的: k , w , τ , m 和 c 。除了时滞, m 和 c 是另外两个受到关注的参数,因为它们具有更为明确的物理意义。接下来,我们将研究这两个参数对时滞的临界值的影响。

6.5.1　m 的影响: 较长的传输距离将引起振荡

根据方程(6 - 3),我们能够得到当振荡开始出现的时候 τ , m 和 c 的关系。当 $k = 1$, $w = 1$ 时,我们通过方程(6 - 3)和(6 - 4)得到下式:

$$
\tau_c = \left((9 + 8c - 3\sqrt{9 + 16c})^2 \pi \sin\left(\frac{\pi}{8m}\right)^2 \right) \Big/
$$
$$
\left(8\Big((-2 + \sqrt{2})c(-3 + \sqrt{9 + 16c}) \right.
$$
$$
\left. + (-4c(-9 + \sqrt{9 + 16c}) - 9(-3 + \sqrt{9 + 16c}))m^2 \sin\left(\frac{\pi}{8m}\right)^2 \Big) \right)
$$

$$(6 - 11)$$

根据上式,对不同的 c ,我们可以得到 τ_c 和 m 的关系,如图 6 - 6 所示。

从下图 6 - 6 中可以看出,无论 c 取何值,随着 m 的增加,时滞的临界值都减小。由于当每段链路中的延迟确定的时候, m 表示的是从源端到目的地的传输距离,因此图 6 - 6 揭示了这样一个事实,即当网络允许长距离传输的时候系统便有可能出现振荡。然而,有人也许会质疑:使得系统出现振荡的原因也许是 $m\tau$ 而不是 m ,因为前者才表示总的传输延迟。现在我们依然采用方程(6 - 11)式来寻找 m 和 $m\tau_c$ 间的关系。令 $\Delta = m\tau_c$ 。则 Δ 和

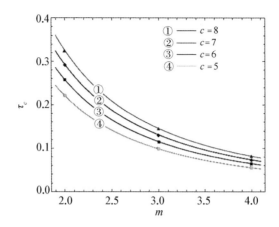

图 6 - 6　当 $c = 5$，6，7，8（由下至上）时，根据方程(6 - 11)得到的 τ_c 和
　　　　m 平面上的 Hopf 分岔临界曲线

m 的关系可以从图 6 - 7 中得到。

从图 6 - 6 和图 6 - 7 中我们可以看出，当 m 增加时 τ_c 和 $\triangle$ 都是下降的。因此，m 可以看作是一个使得网络系统失稳而出现振荡的决定性因素。

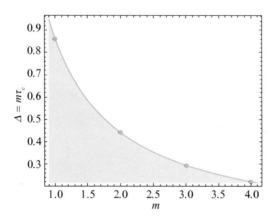

图 6 - 7　当 $c = 5$ 时，根据(6 - 11)得到的 $\triangle$ 和 m 平面上的 Hopf 分岔
　　　　临界曲线，其中在阴影区域平衡点是稳定的

6.5.2　c 的影响：较大的链路容量可以抑制振荡

与上一部分的处理类似，我们可以通过方程(6 - 11)得到 c 和 τ_c 的关

系,如图 6-8(a)所示。该图显示了这样一种可能,即通过增加链路容量来抑制大时滞而引起的振荡。当 $\tau = 0.11$,$m = 3$ 时,我们选取图 6-8(a)中的两个点,即 Q_1,Q_2 并做出其时间历程图以验证这个想法,如图 6-8(b)和图 6-8(c)所示。

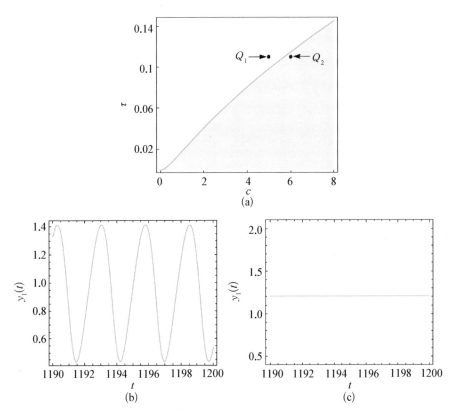

图 6-8 链路容量 c 对 Hopf 分岔临界时滞的影响。(a) $m = 3$ 时,由方程 (6-11) 得到的在 τ_c 和 c 平面上的 Hopf 分岔临界曲线,其中阴影区域内平衡点是稳定的;(b) $Q_1(c = 5)$ 的时间历程图和 (c) $Q_2(c = 6)$ 的时间历程图

事实上,通过增加链路容量来使得网络获得更加良好的性能的想法是容易理解的。但是,在设计网络的时候,我们总是要在性能与经济之间取得平衡。换言之,给一个较短的连接分配很大的链路容量是不可取的。而

方程(6-11)便提供了一个选择链路容量的依据。

6.6 结　论

在本章中,我们考虑了一个具有环形网络拓扑结构的因特网拥塞控制模型来研究时滞所诱发的网络振荡。通过对平衡点附近线性化系统进行特征值分析,我们得到了发生 Hopf 分岔的可能的临界时滞的表达式并用数值模拟对其进行验证。我们的结果表明在环网中时滞可以引起振荡。利用多尺度方法,我们可以得到振荡与时滞之间的关系。与数值结果的比较表明理论分析的精度是令人满意的。

我们还研究了另外两个参数的影响,即 m 和 c。根据特征值分析的结果,这两个参数对于 Hopf 分岔的出现都有至关重要的作用。特别是 m 和 τ_c 的乘积随着 m 的增加而迅速下降。这意味着在环形网络中,使用较多链路的用户将使得整个网络的性能严重下降。因此,在环网中,应尽可能避免这样的传输出现。注意到相较于时滞,m 和 c 都具有较好的可控性,这提示我们当发现网络系统失稳时,只要能够得到以 τ,m 和 c 表示的稳定性边界,便可以通过重新选择 m 和 c 来抑制网络系统的振荡。

第 **7** 章

结论与展望

7.1 结　论

本书的工作主要是研究因特网拥塞控制模型中时滞所诱发的振荡及其抑制。文章中讨论了不同类型的时滞,如定常时滞、周期时滞、多时滞对系统稳定性的影响,对高维系统和具有非简单拓扑结构的网络也做了初步的研究。本书研究取得了以下结论:

(1) 虽然时滞可以诱发系统的周期振荡,然而通过本书的研究,我们发现也可以利用时滞来对已经出现的振荡进行抑制,即对时滞施加适当的周期摄动。利用多尺度方法,我们可以确定当摄动的幅度需要多大时便可以将系统的振荡有效地控制住。这种方法对于高维系统依然有效,特别是,根据我们的研究,可以只对一个用户的时滞进行摄动而将整个网络的振荡抑制下来。换言之,为了使得振荡衰减,我们可以设计这样一种控制器,其时滞可以周期变化,只要变化的幅度足够大,便可以有效地抑制网络系统的振荡。数值结果充分验证了理论分析的有效性。

(2) 对含有两个不同时滞的因特网拥塞控制模型也做了一定的研究。我们采用双 Hopf 分岔理论来研究模型中可能出现的比周期运动更为复杂的动力学行为,如概周期运动。我们将两个时滞选作分岔参数,利用摄动方法对平衡点附近的复杂动力学行为进行了分类,特别是从理论上估计了在两个时滞组成的参数平面上概周期运动存在的范围。分岔图和时间历程图的比较表明,理论结果具有较好的精度。我们通过研究回答了这样一个问题,那就是当其他物理参数变化时,双 Hopf 分岔是否一定会存在?通过对在由时滞所构成的参数平面上特征方程的解曲线的全局性质的详细研究,我们给出了肯定的答案。此外,基于局部分析,我们发现在所研究的系统中,存在着两种不同的余维三的 tangent 双 Hopf 分岔。这意味着,即使对于一个拓扑结构简单的网络系统,只要其用户的时滞不同,系统的动力学行为便可能会非常复杂。这提示我们,在设计拓扑结构较为简单的网络系统的时候,应尽量避免不同用户时滞相差较大的情况出现。

(3)最后,我们考虑了一个具有环形网络拓扑结构的因特网拥塞控制模型来研究时滞所诱发的网络振荡以及拓扑结构对网络稳定性的影响。通过线性分析和 Hopf 分岔分析,我们给出了 Hopf 分岔发生时可能的临界时滞的表达式并用数值模拟验证了该表达式的正确性。我们的结果表明在环网中时滞可以引起振荡。进一步的研究发现,在环形网络中,使用较多链路的用户将使得整个网络的性能严重下降,即,较大的跳数将对网络系统的稳定性造成严重的负面影响。因此,在环网中,应尽可能避免这样的传输出现。另外,适当的增加链路容量将会提高网络的稳定性。我们的研究结果为网络系统设计时的参数选择提供了一定的借鉴。

7.2　进一步工作的方向

本书的研究虽然取得了一些成果,但依然留下了许多问题,尚有许多的研究方向还有待深入挖掘,这里简要讨论如下:

（1）在本文中，我们提出了一种基于时变时滞的网络振荡抑制方法，但是目前只能说该方法对于用户共用一条链路的情况是有效的，其对于非简单拓扑结构的网络系统的有效性还有待深入研究，特别是能否利用该方法对概周期运动进行抑制将是一个值得考虑的问题。

（2）在对具有非简单拓扑结构的网络的研究中我们只考虑了最简单的环形网络。如何全面而高效的考虑各种不同拓扑结构的网络的稳定性和非线性动力学问题将是以后工作的方向之一。

（3）既然已经发现了两时滞可以诱发概周期运动，而且有学者的研究表明因特网拥塞控制的过程中是存在着概周期到混沌的路径的，那么两时滞是否可以通过这种路径诱发混沌？除此以外，在这个问题中是否还存在其他的通向混沌的路径？这需要做更加深入的研究。

（4）在因特网拥塞控制问题中存在着大量的随机和非光滑的因素，如何建模？如何分析？在何种情况下光滑的稳态模型便足以准确地描述实际过程，又在何种情况下这种近似将失效？这也将构成一个重要的研究方向。

（5）因特网中存在大量的波的现象。有研究表明，拥塞可以像波一样在网络中传播。如何对这种现象进行建模和分析，将是一个既有趣又有意义的问题。

（6）如何利用复杂网络的观点来研究因特网拥塞控制中的某些复杂现象。

（7）无线网络环境下拥塞控制的振荡问题研究。

参考文献

[1] Srikant R. The Mathematics of Internet Congestion Control[M]. Boston: Birkhäuser, 2004.

[2] Jacobson V. Congestion avoidance and control [J]. ACM Computer Communication Review, 1998, 18: 314-329.

[3] Chiu D M, Jain R. Analysis of the increase and decrease algorithms for congestion avoidance in computer networks[J]. Computer Networks and ISDN Systems, 1989, 17: 1-14.

[4] Bonomi F, Mitra D, Seery J. Adaptive algorithms for feedback-based flow control in high speed, wide area ATM networks[J]. IEEE Journal on Selected Areas in Communications, 1995, 13: 1267-1283.

[5] Kelly F P, Maulloo A, Tan D. Rate control in communication networks: shadow prices, proportional fairness and stability [J]. Journal of the Operational Research Society, 1998, 49: 237-252.

[6] Wen J T, Arcak M. A unifying passivity framework for network flow control [J]. IEEE Transactions on Automatic Control, 2004, 49: 162-174.

[7] Athuraliya S, Li V H, Low S H, et al. REM: Active queue management[J]. IEEE Network, 2001, 15: 48-53.

[8] Johari R, Tan D. End to end congestion control for the internet: delays and

stability[J]. IEEE/ACM Transactions on Networking, 2001, 9: 818 – 832.

[9] Massoulie L. Stability of distributed congestion control with heterogeneous feedback delays [J]. IEEE Transactions on Automatic Control, 2002, 47: 895 – 902.

[10] Deb S, Srikant R. Global stability of congestion controllers for the Internet[J]. IEEE Transactions on Automatic Control, 2003, 48: 1055 – 1060.

[11] Sichitiu M L, Bauer P H. Asymptotic stability of congestion control systems with multiple sources[J]. IEEE Transactions on Automatic Control, 2006, 51: 292 – 298.

[12] Ranjan P, La R J, Abed E H. Global stability conditions for rate control with arbitrary communication delay[J]. IEEE/ACM Transactions on Networking, 2006, 14: 94 – 107.

[13] Wang X, Eun D Y. Local and global stability of TCP-newReno/RED with many flows[J]. Computer Communication, 2007, 30: 1091 – 1105.

[14] Kelly F P. Models for a self-managed Internet[J]. Philosophical Transactions of the Royal Society A, 2000, 358: 2335 – 2348.

[15] Wang X F, Chen G R, King-Tim ko. A stability theorem for Internet congestion control[J]. Systems & Control Letters, 2002, 45: 81 – 85.

[16] Paganini F. A global stability result in network flow control[J]. Systems & Control Letters, 2002, 46: 153 – 163.

[17] Kunniyur S, Srikant R. End-to-end congestion control: utility functions, random lossed and ECN marks[J]. IEEE/ACM Transactions on Networking, 2003, 7: 689 – 702.

[18] Liu S, Basar T, Srikant R. Controlling the Internet: A survey and some new results[C]//Proceedings of IEEE Conference on Decision and Control (Maui, Hawaii), 2003, 3: 3048 – 3057.

[19] Alpcan T, Basar T. Global stability analysis of an end-to-end congestion control scheme for general topology networks with delay[C]//Proceedings of IEEE

Conference on Decision and Control（Maui，Hawaii），2003：1092 – 1097.

[20] Veres A，Boda M. The Chaotic Nature of TCP Congestion Control［C］//
Proceedings of IEEE INFOCOM，2000，3：1715 – 1723.

[21] Ranjan P，La R，Abed E. Bifurcation of TCP and UDP Traffic Under RED.
［EB/OL］. http：//www. ece. umd. edu/～hyongla/PAPERS/med2002. pdf.

[22] Liu M，Zhang H，Trajković L. Stroboscopic model and bifurcations in TCP/
RED［C］//Proceedings of IEEE ISCAS，Kobe，Japan，2005，3：2060 – 2063.

[23] Li C，Chen G，Liao X，et al. Hopf bifurcation in an Internet congestion control
model［J］. Chaos Solitons & Fractals，2004，19：853 – 862.

[24] Yang H Y，Tian Y P. Hopf bifurcation in REM algorithm with communication
delay［J］. Chaos Solitons & Fractals，2005，25：1093 – 1105.

[25] Wang Z，Chu T. Delay induced Hopf bifurcation in a simplified network
congestion control model［J］. Chaos Solitons & Fractals，2006，28：161 – 172.

[26] Yang H Y，Zhang S Y. Hopf Bifurcation of End-to-End Network Congestion
Control Algorithm［J］. 2007 IEEE International Conference on Control and
Automation，2007，2202 – 2206.

[27] Guo S，Liao X，Li C. Stability and Hopf bifurcation analysis in a novel
congestion control model with communication delay［J］. Nonlinear Analysis：Real
World Applications，2008，9：1292 – 1309.

[28] Guo S，Liao X，Li C. Necessary and sufficient conditions for Hopf bifurcation in
exponential RED algorithm with communication delay［J］. Nonlinear Analysis：
Real World Applications，2008，9：1768 – 1793.

[29] Raina G. Local bifurcation analysis of some dual congestion control algorithms
［J］. IEEE Transactions on Automatic Control，2005，50：1135 – 1146.

[30] Guo S，Deng D，Liu D. Hopf and resonant double Hopf bifurcation in congestion
control algorithm with heterogeneous delays［J］. Nonlinear Dynamics，2010，61：
553 – 567.

[31] Guo S，Feng G，Liao X，et al. Hopf bifurcation control in a congestion control

model via dynamic delayed feedback[J]. Chaos, 2004, 18: 043104.

[32] Raina G, Heckmann O. TCP: Local stability and Hopf bifurcation [J]. Performance Evaluation, 2007, 64: 266 - 275.

[33] Ding D W, Zhu J, Luo X S. Hybrid control of bifurcation and chaos in stroboscopic model of Internet congestion control system[J]. Chinese Physics B, 2008, 17: 105 - 110.

[34] Rezaie B, Motlagh M, Khorsandi S, et al. Analysis and Control of Bifurcation and Chaos in TCP-Like Internet Congestion Control Model [C]//15th International Conference on Advanced Computing and Communications, 2007: 111 - 116.

[35] Marquez R. Hopf bifurcation in TCP/Adaptive RED[C]//Proceedings of the 46th IEEE Conference on Decision and Control, New Orieans, LA, USA, Dec. 12 - 14, 2007: 5684 - 5689.

[36] Liu F, Guan Z, Wang H. Controlling bifurcations and chaos in TCP-UDP-RED [J]. Nonlinear Analysis: Real World Applications, 2007, 11: 1491 - 1501.

[37] Zhang H, Liu M, Vukadinovic V, et al. Modeling TCP/RED: a Dynamical Approach [C]//Complex Dynamics in Communication Networks, Springer-Verlag Berlin Heidelberg (2005): 251 - 278.

[38] Chen L, Wang X, Han Z. Controlling chaos in Internet congestion control model [J]. Chaos Solitons & Fractals, 2004, 21: 81 - 91.

[39] Jiang K, Wang, X, Xi Y. Bifurcation Analysis of an Internet Congestion Control Model[C]//8th international Conference on Control, Automation, Robotics and Vision, Kunming, China, 6 - 9th Dec. , 2004, 1: 590 - 594.

[40] Singh B, Gupte N. Congestion and decongestion in a communication network [J]. Physical Review E, 2005, 71: 055103.

[41] Martino D, Asta L, Bianconi G, et al. Congestion phenomena on complex networks[J]. Physical Review E, 2009, 79: 015101.

[42] Gao J, Rao N, Hu J, et al. Quasiperiodic Route to Chaotic Dynamics of Internet

Transport Protocols[J]. Physical Review Letters, 2005, 94: 198702.

[43] Serrano M, Boguna M, Guilera A. Competition and Adaptation in an Internet Evolution Model[J]. Physical Review Letters, 2005, 94: 038701.

[44] Cohen R, Erez K, Avraham D, et al. Breakdown of the Internet under Intentional Attack[J]. Physical Review Letters, 2001, 86: 3682 – 3685.

[45] Bianconi G, Caldarelli G, Capocci A. Loops structure of the Internet at the Autonomous System Level[J]. Physical Review E, 2005, 71: 066116.

[46] Clauset A, Moore C. Accuracy and scaling phenomena in Internet mapping[J]. Physical Review Letters, 2005, 94: 018701.

[47] Zhou S, Mondragon R. Accurately modeling the Internet topology[J]. Physical Review E, 2004, 70: 066108.

[48] Capocci A, Caldarelli G, Marchetti R, et al. Growing dynamics of Internet providers[J]. Physical Review E, 2001, 64: 035105.

[49] Chen X, Wong S, Ts C, et al. Oscillation and period doubling in TCP/RED System: Analysis and verification[J]. International Journal of Bifurcation and Chaos, 2007, 18: 1459 – 1475.

[50] Pierre S, Said H, Probst W. An artificial neural network approach for routing in distributed computer networks [J]. Engineering Applications of Artificial Intelligence, 2001, 14: 51 – 60.

[51] Dorogovtsev S N, Mendes J F F. Comment on "Breakdown of the Internet under Intentional Attack"[J]. Physical Review Letters, 2001, 87: 219801 – 1.

[52] Pastor-Satorras R, Vázquez A, Vespignani A. Dynamical and Correlation Properties of the Internet[J]. Physical Review Letters, 2001, 87: 258701 – 1.

[53] Goh K I, Kahng B, Kim D. Fluctuation-driven dynamics of the Internet topology [J]. Physical Review Letters, 2002, 88: 108701 – 1.

[54] Kujawski B, Hołyst J, Rodgers G I. Growing trees in internet news groups and forums[J]. Physical Review E, 2007, 76: 036103 – 1.

[55] Echenique P, Gómez-Gardeñes J, Moreno Y. Improved routing strategies for

Internet traffic delivery[J]. Physical Review E, 2004, 70: 056105 - 1.

[56] Abe S, Suzuki N. Itineration of the Internet over nonequilibrium stationary states in Tsallis statistics[J]. Physical Review E, 2003, 67: 016106 - 1.

[57] Barthélemyn M, Gondran B, Guichard E. Large scale cross-correlations in Internet traffic[J]. Physical Review E, 2002, 66: 056110 - 1.

[58] Vázquez A, Pastor-Satorras R, Vespignani A. Large -scale topological and dynamical properties of the Internet [J]. Physical Review E, 2002, 65: 066130 - 1.

[59] Eriksen K A, Simonsen I. Modularity and Extreme Edges of the Internet[J]. Physical Review Letters, 2003, 90: 148701 - 1.

[60] Park J, Newman L E J. Origin of degree correlations in the Internet and other networks[J]. Physical Review E, 2003, 68: 026112 - 1.

[61] Capocci A, Servedio V D P, Colaiori F, et al. Preferential attachment in the growth of social networks- The internet encyclopedia Wikipedia[J]. Physical Review E, 2006, 74: 036116 - 1.

[62] Cohen R, Erez K, Avraham B, et al. Resilience of the Internet to Random Breakdowns[J]. Physical Review Letters, 2000, 85: 4626.

[63] Dall'Asta L, Alvarez-Hamelin I, Barrat A, et al. Statistical theory of Internet exploration[J]. Physical Review E, 2005, 71: 036135 - 1.

[64] Zhou S. Understanding the evolution dynamics of internet topology[J]. Physical Review Letters, 2006, 74: 016124 - 1.

[65] Viger F, Barrat A, Dall'Asta L, et al. What is the real size of a sampled network- The case of the Internet[J]. Physical Review E, 2007, 75: 056111 - 1.

[66] Treiber M, Hennecke A, Helbing D. Congested traffic states in empirical observations and microscopic simulations [J]. Physical Review E, 2000, 62: 1805.

[67] Danila B, Yu Y, Earl S, et al. Congestion-gradient driven transport on complex networks[J]. Physical Review E, 2006, 74: 046114 - 1.

［68］ Bando M, Hasebe K, Nakayama A, et al. Dynamical model of traffic congestion and numerical simulation[J]. Physical Review E, 1995, 51: 1035.

［69］ Ashton D J, Jarrett T C, Johnson N F. Effect of Congestion Costs on Shortest Paths Through Complex Networks[J]. Physical Review Letters, 2005, 94: 058701 - 1.

［70］ Komatsu T S, Sasa S. Kink soliton characterizing traffic congestion[J]. Physical Review E, 1995, 52: 5574.

［71］ Allegrini P, Balocchi R, Chillemi S, et al. Long- and short-time analysis of heartbeat sequences- Correlation with mortality risk in congestive heart failure patients[J]. Physical Review E, 2003, 67: 062901 - 1.

［72］ Lee H K, Barlovic R, Schreckenberg M, et al. Mechanical Restriction versus Human Overreaction Triggering Congested Traffic States[J]. Physical Review Letters, 2004, 92: 238702 - 1.

［73］ Kerner B S, Klenov S L. Microscopic theory of spatial-temporal congested traffic patterns at highway bottlenecks[J]. Physical Review E, 2003, 68: 036130 - 1.

［74］ Zhao L, Lai Y C, Park K, et al. Onset of traffic congestion in complex networks [J]. Physical Review E, 2005, 71: 026125 - 1.

［75］ Guimerà R, Díaz-Guilera A, Vega-Redondo F, et al. Optimal Network Topologies for Local Search with Congestion[J]. Physical Review Letters, 2002, 89: 248701 - 1.

［76］ Yang R, Wang W X, Lai Y C, et al. Optimal weighting scheme for suppressing cascades and traffic congestion in complex networks[J]. Physical Review E, 2009, 79: 026112 - 1.

［77］ Tomer E, Safonov L, Madar N, et al. Optimization of congested traffic by controlling stop-and-go waves[J]. Physical Review E, 2002, 65: 065101 - 1.

［78］ Lee H Y, Lee H W, Kim D. Phase diagram of congested traffic flow- An empirical study[J]. Physical Review E, 2000, 62: 4737.

［79］ Moussa N. Relaxation dynamics in congested traffic[J]. Physical Review E,

2005, 71: 026124 – 1.

[80] Cholvi V, Laderas V, López L, et al. Self-adapting network topologies in congested scenarios[J]. Physical Review E, 2005, 71: 035103 – 1.

[81] Liu C L, Tian Y P. Eliminating oscillations in the Internet by time-delayed feedback control[J]. Chaos Solitons & Fractals, 2008, 35: 878 – 887.

[82] Chen Z, Yu P. Hopf bifurcation control for an Internet congestion model[J]. International Journal of Bifurcation and Chaos, 2005, 15: 2643 – 2651.

[83] Xiao M, Cao J. Delayed feedback-based bifurcation control in an Internet congestion model[J]. Journal of Mathematical Analysis and Applications, 2007, 332: 1010 – 1027.

[84] Ding D, Zhu J, Luo X, et al. Controlling Delay-induced Hopf bifurcation in Internet congestion control system[J]. Arxiv preprint, 2007.

[85] Xu J, Chung K W. Effects of time delayed position feedback on a van der Pol-Duffing oscillator[J]. Physica D, 2003, 180: 17 – 39.

[86] 胡海岩,王在华. 非线性时滞动力系统的研究进展[J].力学进展,1999, 29: 501 – 512.

[87] Ji J, Hansen C, Li X. Effects of External Excitation on a Nonlinear System with Time Delay[J]. Nonlinear Dynamics, 2005, 41: 385 – 402.

[88] Landry M, Campbell S, Morris K, et al. Dynamics of an Inverted Pendulum with Delayed Feedback Control [J]. SIAM Journal on Applied Dynamical Systems, 2005, 4: 333 – 351.

[89] Kalmar-Nagy T, Stepan G, Moon F. Subcritical Hopf Bifurcation in the Delay Equation Model for Machine Tool Vibrations[J]. Nonlinear Dynamics, 2001, 26: 121 – 142.

[90] Fan D, Wei J. Hopf bifurcation analysis in a tri-neuron network with time delay [J]. Nonlinear Analysis: Real World Applications, 2008, 9: 9 – 25.

[91] Sieber J, Krauskopf B. Bifurcation analysis of an inverted pendulum with delayed feedback control near a triple-zero eigenvalue singularity[J]. Nonlinearity, 2004,

17: 85 - 103.

[92] Gilsinn D. Estimating Critical Hopf Bifurcation Parameter for a Second-Order Delay Differential Equation with Application to Machine Tool Chatter[J]. Nonlinear Dynamics, 2002, 30: 103 - 154.

[93] Choi Y. Periodic Delay Effects on Cutting Dynamics[J]. Journal of Dynamics and Differential Equations, 2005, 17: 353 - 389.

[94] Reddy D, Johnston A. Time delay effects on coupled limit cycle oscillators at Hopf bifurcation[J]. Physica D, 1999, 129: 15 - 34.

[95] Reddy D, Johnston A. Dynamics of a limit cycle oscillator under time delayed linear and nonlinear feedbacks[J]. Physica D, 2000, 144: 335 - 357.

[96] Liao X, Wong K, Wu Z. Bifurcation analysis on a two-neuron system with distributed delays[J]. Physica D, 2001, 149: 123 - 141.

[97] Liao X, Wong K. Hopf bifurcation on Two-Neuron Systems with Distributed Delays: A Frequency Domain Approach[J]. Nonlinear Dynamics, 2003, 31: 299 - 326.

[98] Shayer L, Campbell S. Stability, bifurcation, and multistability in a system of two coupled neurons with multiple time delays[J]. SIAM Journal on Applied Mathematics, 2000, 61: 673 - 700.

[99] Marcus C, Westervelt R. Stability of analog neural networks with delay[J]. Physical Review A, 1989, 39: 347 - 359.

[100] Pyragas K, Pyragas V, Benner H. Delayed feedback control of dynamical systems at a subcritical Hopf bifurcation [J]. Physical Review E, 2004, 70: 056222.

[101] Pyragiene T, Pyragas K. Delayed feedback control of forced self-sustained oscillations[J]. Physical Review E, 2005, 72: 026203.

[102] Pyragas K. Analytical properties and optimization of time-delayed feedback control[J]. Physical Review E, 2002, 66: 026207.

[103] Hegger R, Bunner M, Kantz H. Identifying and Modeling Delay Feedback

Systems[J]. Physical Review Letters, 1999, 81: 558 – 561.

[104] Hovekl P, Scholl E. Control of unstable steady states by time-delayed feedback methods[J]. Physical Review E, 2005, 72: 046203.

[105] Giacomelli G, Politi A. Relationship between Delayed and Spatially Extended Dynamical Systems[J]. Physical Review Letters, 1996, 76: 2686 – 2689.

[106] Ye H, Michel A, Wang K. Global stability and local stability of Hopfield neural networks with delays[J]. Physical Review E, 1994, 50: 4206 – 4213.

[107] Atay F. Distributed Delays Facilitate Amplitude Death of Coupled Oscillators [J]. Physical Review Letters, 2003, 91: 094101.

[108] Bielawske S, Derozier D, Glorieux P. Controlling unstable periodic orbits by a delayed continuous feedback[J]. Physical Review E, 1994, 49: R971.

[109] Wischert W, Wunderlin A, Pelster A. Delay-induced instabilities in nonlinear feedback systems[J]. Physical Review E, 1994, 49: 203 – 219.

[110] Dhamala M, Jirsa V, Ding M. Enhancement of Neural Synchrony by Time Delay[J]. Physical Review Letters, 2004, 92: 074104.

[111] Ernst U, Pawelzik K, Geisel T. Delay-induced multistable synchronization of biological oscillators[J]. Physical Review E, 1998, 57: 2150 – 2162.

[112] Pyragas V, Pyragas K. Delayed feedback control of the Lorenz system: An analytical treatment at a subcritical Hopf bifurcation[J]. Physical Review E, 2006, 73: 036215.

[113] Hohne K, Shirahama H, Choe C, et al. Global properties in an Experimental Realization of Time-Delayed Feedback Control with an Unstable Control Loop [J]. Physical Review Letters, 2007, 98: 214102.

[114] Tamasevicius A, Mykolaitis G, Pyragas V, et al. Delayed feedback control of periodic orbits without torsion in nonautonomous chaotic systems: Theory and experiment[J]. Physical Review E, 2007, 76: 026203.

[115] Atay F, Jost J. Delays, Connection Topology and Synchronization of Coupled Chaotic Maps[J]. Physical Review Letters, 2003, 92: 144101.

[116] Pyragas K. Synchronization of coupled time -delay systems: Analytical estimations[J]. Physical Review E, 1998, 58: 3067 - 3071.

[117] Yeung M, Strogatz S. Time Delay in the Kuramoto Model of Coupled Oscillators[J]. Physical Review Letters, 1999, 82: 648 - 651.

[118] Pieroux D, Erneux T, Gavrielides A, et al. Hopf Bifurcation Subject to a Large Delay in a Laser System[J]. SIAM Review, 2003, 45: 523 - 540.

[119] Liu Z, Chen A, Cao J, et al. Existence and Global Exponential Stability of Periodic Solution for BAM Neural Networks with Periodic Coefficients and Time-Varying Delays[J]. IEEE Transactions on Circuits and Systems — I : Fundamental theory and Applications, 2003, 50: 1162 - 1173.

[120] Xu J, Chung K W, Chan C L. A perturbation-Incremental Scheme for Studying Hopf Bifurcation in Delay Differential Systems[J]. Science in China Series E, 2009, 52: 698 - 708.

[121] Xu J, Chung K W, Chan C L. An Efficient Method for Studying Weak Resonant Double Hopf Bifurcation in Nonlinear Systems with Delayed Feedbacks[J]. SIAM Journal on Applied Dynamical Systems, 2007, 6: 29 - 60.

[122] Das S L, Chatterjee A. Multiple scales without center manifold reductions for delay differential equations near Hopf bifurcations[J]. Nonlinear Dynamics, 2002, 30: 323 - 335.

[123] Wahi P, Chatterjee A. Galerkin Projections for Delay Differential Equations [J]. Transactions of the ASME: Journal of Dynamic Systems, Measurement, and Control, 2005, 127: 80 - 87.

[124] Brandt S, Pelster A, Wessel R. Variational calculation of the limit cycle and its frequency in a two-neuron model with delay[J]. Physical Review E, 2006, 74: 036201.

[125] Nayfeh A. Order reduction of retarded nonlinear systems- the method of multiple scales versus center -manifold reduction [J]. Nonlinear Dynamics, 2008, 51: 483 - 500.

[126] Faria T. Normal Forms for Retarded Functional Differential Equations with Parameters and Applications to Hopf Bifurcation[J]. Journal of Differential Equations, 1995, 122: 181-200.

[127] Zhao H, Zhang F Z, Yan J, et al. Nonlinear differential delay equations using the Poincare section technique[J]. Physical Review E, 1996, 54: 6925-6928.

[128] Chen Y S, Xu J. Universal classification of bifurcating solutions to a primary parametric resonance in van der Pol-Duffing-Mathieu's systems[J]. Science in China Series A, 1996, 39: 405-417.

[129] Luongo A, Paolone A, Egidio A. Multiple Timescales Analysis for 1 : 2 and 1 : 3 Resonant Hopf Bifurcations [J]. Nonlinear Dynamics, 2003, 34: 269-291.

[130] Shigeki Tsuji, Tetsushi Ueta, Hiroshi Kawakami, Kazuyuki Aihara. Bifurcation of burst response in an Amari-Hopfield Neuron pair with a periodic external forces[J]. Electrical Engineering in Japan, 2003, 146: 43-53.

[131] Crawford J. Introduction to bifurcation theory[J]. Reviews of Modern Physics, 1991, 63: 991-1037.

[132] Chen G, Moiola J, Wang H. Bifurcation Control: Theories, Methods, and Applications[J]. International Journal of Bifurcation and Chaos, 2000, 10: 511-548.

[133] Hale J. Theory of Functional Differential Equations [M]. Beijing: World Publishing Corporation, 2003.

[134] Hassard B D, Kazarinoff N D, Wan Y H. Theory and application of Hopf bifurcation[M]. Cambridge: Cambridge University Press, 1981.

[135] Kuznetsov Y, Elements of Applied Bifurcation Theory[M]. Second Edition, Springer, 1997.

[136] 陈予恕. 非线性振动系统的分叉和混沌理论[M]. 北京: 高等教育出版社, 1993.

[137] Guckenheimer J, Holmes P. Nonlinear Oscillations, Dynamical Systems and

Bifurcations of Vector Fields[M]. Springer-Verlag New York Inc. , 1983.

[138] 宋家骕等译,A. H. 奈弗,D. T. 穆克. 非线性振动(上、下)[M]. 北京：高等教育出版社,1990.

[139] Brunner H，Maset S. Time transformations for delay differential equations[J]. Discrete and Continuous Dynamical Systems Series A, 2009, 25: 751 - 775.

[140] Ding D W，Zhu J，Luo X S, et al. Delay induced Hopf bifurcation in a dual model of Internet congestion control algorithm[J]. Nonlinear Analysis: Real World Applications，2009, 10: 2873 - 2883.

[141] Floyd S，Jacobson V. Random early detection gate-ways for congestion avoidance[J]. IEEE/ACM Transactions on Networks, 1993, 1: 397 - 413.

[142] Ermentrout B. XPPAUT5. 9- The differential equations tool. [EB/OL]. http: //www. pitt. edu/ phase/, University of Pittsburgh, Pittsburgh, 2007.

[143] Jones C K R T. Geometric Singular Perturbation Theory in Dynamical Systems. Lecture Notes in Mathematics 1609[M]. Berlin: Springer-Verlag, 1994.

[144] Gu K Q，Niculescu S I，Chen J. On stability crossing curves for general systems with two delays [J]. Journal of Mathematical Analysis and Applications, 2005, 311: 231 - 253.

[145] Marques F，Gelfgat A Y，Lopez J M. Tangent double Hopf bifurcation in a differentially rotating cylinder flow [J]. Physical Review E, 2003, 68: 016310 - 1.

[146] Kunniyur S，Srikant R. Stable, scalable, fair congestion control and AQM schemes that achieve high utilization in the Internet[J]. IEEE Transactions on Automatic Control, 2003, 48: 2024 - 2029.

[147] Dean T. Network+Guide to Networks[J]. Course Technology, 2000.

[148] Zheng Y G，Wang Z H. Stability analysis of nonlinear dynamic systems with slowly and periodically varying delay[J]. Communications in Nonlinear Science and Numerical Simulation, 2012, 17: 3999 - 4009.

[149] Michiels W，Niculescu S I. Stability and stabilization of time-delay systems

(Advances in design and control)[M]. SIAM Press, Philadephia, 2007.

[150] Zhang S, Xu J. Time -varying delayed feedback control for an Internet congestion control model[J]. Discrete and Continuous Dynamical Systems-Series B, 2011, 16: 653 - 668.

[151] Zhang S, Xu J. Oscillation control for n-dimensional congestion control model via time-varying delay[J]. SCIENCE CHINA- Technological Sciences, 2011, 54: 2044 - 2053.

[152] Zhang S, Huang Y, Xu J. Time -delayed feedback control for flutter of supersonic aircraft wing [M]//Jiří Náprstek, Jaromír Horácek, Miloslav Okrouhlík, Bohdana Marvalová, Ferdinand Verhulst, Jerzy T. Sawicki eds. Vibration Problems ICOVP 2011, Berlin: Springer, 2011: 747 - 752.

后　记

　　转眼间已在同济大学度过了将近 10 个年头。认识导师徐鉴教授有 8 年,有 5 年的时间是在导师身边度过的。对于先生的培养,我已不敢言谢,只有承诺将以先生所传之道立身,以先生所授之业处世,才能不负多年来先生如父亲般的教诲。感谢师母黄羽老师,您的耳提面命,您多次"挽救"我于囹圄之中,学生铭记在心。在此成文之际,祝福恩师和师母万事顺意。

　　想以此书献给我的父亲、母亲、岳母和我所有的亲人,特别是在我赴香港访问期间离世的外婆。因为不管你们在哪里,我都相信,本书是在你们的微笑注视中完成的,理应把它献给你们。

　　我的爱人王霄,我要感谢你带给我的一个又一个感动,让我觉得生活与学术都是如此的美好,所以也把本书献给你。

　　感谢课题组和来课题组参加活动的宋汉文老师、宋永利老师、陈力奋老师、温建明老师、方明霞老师、古华光老师、朱芳来老师和苏荣华老师。谢谢各位老师对我学术上的帮助,精神上的鼓励以及在我做讨论班召集人时对我工作的支持。

　　感谢尚慧琳师姐、齐欢欢师姐、王彩虹师姐、袁丽师姐、葛菊红师姐、郝颖师姐、裴利军师兄、张栋师兄、黄坤师兄、宋自根师兄、王万永师兄、刘隆师兄、蒋扇英师妹、陈燕师妹、孙艺瑕师妹、徐荣改师妹、陈月梨师妹、边菁师妹、宋贤云师妹、苏林玉师妹、杨蕊师妹、严尧师弟（每次面红耳赤的讨论总是极有收获）、陈振师弟、黄柱新师弟、莘智师弟、杨高翔师弟、张晓旭师弟、张呈波师弟、姚春斌师弟、张建波师弟、杨英豪师弟、张懿师弟以及同门陈凯、陈娟娟、全炜倬（排名不分先后），你们是和我在一个战壕中浴血奋战的同伴，也是我脆弱时想要求助的朋友，谢谢大家。

谢谢香港城市大学的宗国威老师资助我赴香港访问并不厌其烦地同我交流和讨论，在香港我感受到了另一种清新的学术气氛，可谓获益良多。感谢师兄镇斌、师妹孙秀婷、上海理工大学的胡育佳老师和北京航空航天大学的王青云老师。在香港的三个月里，你们的鼓励让我心中总是充满感动。还想借此机会对在我去捷克参加会议时给予我许多关心与帮助的南京航空航天大学的王在华老师说一声：谢谢您！

牟云鹏、丁垚赪、杨帆、许方舟、徐敏、方虹斌、孙宜强、吴振以及所有和我没有血缘关系的兄弟姐妹们，因为不论得意还是失意我总会想起你们，这本研究能够成书，有你们的一份贡献。谢谢。

最后，也感谢并祝福在困顿中挣扎过的自己。前路虽然多艰，但怀揣一颗包容并感恩的心，你一定可以坚持走下去。

张　舒